# 水文地质与水资源开发

王凯琦　莫继军　刘　超 ◎著

吉林科学技术出版社

**图书在版编目（CIP）数据**

水文地质与水资源开发 / 王凯琦，莫继军，刘超著
. -- 长春 ： 吉林科学技术出版社，2023.3
ISBN 978-7-5744-0176-1

Ⅰ. ①水… Ⅱ. ①王… ②莫… ③刘… Ⅲ. ①水文地质②水资源开发 Ⅳ. ①P641②TV213

中国国家版本馆 CIP 数据核字(2023)第 056454 号

# 水文地质与水资源开发

作　　者　王凯琦　莫继军　刘　超
出 版 人　宛　霞
责任编辑　管思梦
幅面尺寸　185mm×260mm　1/16
字　　数　283 千字
印　　张　12.5
印　　数　1—200 册
版　　次　2023 年 3 月第 1 版
印　　次　2023 年 3 月第 1 次印刷

出　　版　吉林科学技术出版社
发　　行　吉林科学技术出版社
地　　址　长春市净月区福祉大路 5788 号
邮　　编　130118
发行部电话/传真　0431-81629529　81629530　81629531
81629532　81629533　81629534
储运部电话　0431-86059116
编辑部电话　0431-81629518
印　　刷　北京四海锦诚印刷技术有限公司

书　　号　ISBN 978-7-5744-0176-1
定　　价　75.00 元

# 前言

水是生命之源，地球上的万物都离不开水资源。作为地球主宰者的我们人类，应该对水资源进行合理的利用和规划。随着经济的快速发展，作为经济社会发展过程中不可或缺的基础性公益事业，我国的水文事业也逐渐发展起来。不同于其他资源，水资源具有循环可再生利用的特点。除此之外，水资源还具有不可替代的使用性及空间分布不均匀，以及对经济的发展具有两面性的特点。水资源的循环可再生特点是由于水资源存在降水—径流—蒸发的自然水文循环，为了保证循环的安全性，人类对水资源的利用要控制在一定的范围内。建立完善的水文及水资源开发体系至关重要，直接涉及一个国家的经济发展前途。

为了加强水文在水资源管理中的地位，我国的水文部门已经建立了专业的水文网站来对水质、地表水及地下水进行数据的观测、收集和整理。各级水文机构也按照相同的方法进行水资源的管理，这样做有利于实现水资源的统一管理。由于水文在防治干旱缺水、水土流失、洪涝灾害及水污染四大水资源危机管理中作用是无可替代的，这就为水文在水资源管理中奠定了基础性的地位。

本书主要研究水文地质与水资源的开发，首先从水资源及水资源保护的基本内容出发，全面介绍了在水的社会循环过程中，水文地质水资源开发利用与保护的工程技术原理与方法，主要内容包括地下水的规律与化学成分，地下水的补给、排泄与径流，水文地质的勘察，水资源的开发利用类型与工程，地下水资源管理与生态环境，水资源的可持续利用等。本书结构合理、通俗易懂，可作为相关专业的学生及教师的参考用书，也可供工程技术人员参考使用。

作者在编写本书过程中，参考和借鉴了一些知名学者和专家的观点及论著，在此向他们表示深深的谢意。

由于作者水平有限，书中难免会出现不足之处，希望各位读者和专家能够提出宝贵意见，以待进一步修改，使之更加完善。

# 目　录

# 第一章　水资源的基本内容

## 第一节　水资源的概述

### 一、水资源量及分布

（一）水资源概述

水，是生命之源，是人类赖以生存和发展的不可缺少的一种宝贵资源，是自然环境的重要组成部分，是社会可持续发展的基础条件。百度百科给出水的定义为：水（化学式为 $H_2O$）是由氢、氧两种元素组成的无机物，在常温常压下为无色无味的透明液体。水，包括天然水（河流、湖泊、大气水、海水、地下水等）和人工制水（通过化学反应使氢氧原子结合得到水）。

地球上的水覆盖了地球 71% 以上的表面，地球上这么多的水是从哪儿来的？地球上本来就有水吗？关于地球上水的起源在学术界存在很大的分歧，目前有几十种不同的水形成学说。有的观点认为在地球形成初期，原始大气中的氢、氧化合成水，水蒸气逐步凝结下来并形成海洋；有的观点认为，形成地球的星云物质中原先就存在水的成分；有的观点认为，原始地壳中硅酸盐等物质受火山影响而发生反应、析出水分；有的观点认为，被地球吸引的彗星和陨石是地球上水的主来源，甚至地球上的水还在不停增加。

直到 19 世纪末期，人们虽然知道水、熟悉水，但并没有“水资源”的概念，而且水资源概念的内涵也在不断地丰富和发展，再加上由于研究领域不同或思考角度不同，国内外学者对水资源的概念有不尽一致的认识与理解，水资源的概念有广义和狭义之分。广义上的水资源，是指能够直接或间接使用的各种水和水中物质，对人类活动具有使用价值和经济价值的水均可称为水资源。狭义上的水资源，是指在一定经济技术条件下，人类可以直接利用的淡水。水资源是维持人类社会存在并发展的重要自然资源之一，它应当具有如下特性：能够被利用，能够不断更新，具有足够的水量，水质能够满足用水要求。

水资源作为自然资源的一种，具有许多自然资源的特性，同时具有许多独特的特性。为合理有效地利用水资源，充分发挥水资源的环境效益、经济效益和社会效益，须充分认识水资源的基本特点。

### 1. 循环性

地球上的水体受太阳能的作用，不断地进行相互转换和周期性的循环过程，而且循环过程是永无止境的、无限的。水资源在水循环过程中能够不断恢复、更新和再生，并在一定时空范围内保持动态平衡，循环过程的无限性使得水资源在一定开发利用状况下是取之不尽、用之不竭的。

### 2. 有限性

在一定区域和一定时段内，水资源的总量是有限的，更新和恢复的水资源量也是有限的，水资源的消耗量不应该超过水资源的补给量。以前，人们认为地球上的水是无限的，从而导致人类不合理开发利用水资源，引起水资源短缺、水环境破坏和地面沉降等一系列不良后果。

### 3. 不均匀性

水资源的不均匀性包括水资源在时间和空间两个方面上。由于受气候和地理条件的影响，不同地区水资源的分布有很大差别，例如我国总的来讲，东南多，西北少；沿海多，内陆少；山区多，平原少。水资源在时间上的不均匀性，主要表现在水资源的年际和年内变化幅度大，例如我国降水的年内分配和年际分配都极不均匀，汛期 4 个月的降水量占全年降水量的比率，南方约为 60%，北方则为 80%；最大年降雨量与最小年降雨量的比，南方为 2 ～ 4 倍，北方为 3 ～ 8 倍。水资源在时空分布上的不均匀性，给水资源的合理开发利用带来很大困难。

### 4. 多用途性

水资源作为一种重要的资源，在国民经济各部门中的用途是相当广泛的，不仅能够用于农业灌溉、工业用水和生活供水，还可以用于水力发电、航运、水产养殖、旅游娱乐和环境改造等。随着人们生活水平的提高和社会国民经济的发展，对水资源的需求量不断增加，很多地区出现了水资源短缺的现象，水资源在各个方面的竞争日趋激烈，如何解决水资源短缺问题，满足水资源在各方面的需求是亟须解决的问题之一。

### 5. 不可代替性

水是生命的摇篮，是一切生物的命脉，如对于人来说，水是仅次于氧气的重要物质。成人体内，60% 的重量是水；儿童体内水的比重更大，可达 80%。水在维持人类生存、社会发展和生态环境等方面是其他资源无法代替的，水资源的短缺会严重制约社会经济的发展和人民生活的改善。

### 6. 两重性

水资源是一种宝贵的自然资源，水资源可被用于农业灌溉、工业供水、生活供水、水力发电、水产养殖等各个方面，推动社会经济的发展，提高人民的生活水平，改善人类生存环境，这是水资源有利的一面；同时，水量过多，容易造成洪水泛滥等自然灾害，水量过少，容易造成干旱等自然灾害，影响人类社会的发展，这是水资源有害的一面。

### 7. 公共性

水资源的用途十分广泛，各行各业都离不开水，这就使得水资源具有了公共性。《中华人民共和国水法》明确规定，水资源属于国家所有，水资源的所有权由国务院代表国家行使，国务院水行政主管部门负责全国水资源的统一管理和监督工作；任何单位和个人引水、截（蓄）水、排水，不得损害公共利益和他人的合法权益。

## （二）世界水资源

水是一切生物赖以生存的必不可少的重要物质，是工农业生产、经济发展和环境改善不可替代的极为宝贵的自然资源。地球在地壳表层、表面和围绕气球的大气层中存在着各种形态的，包括液态、气态和固态的水，形成地球的水圈。从表面上看，地球上的水量是非常丰富的。

地球表面约有 70% 以上为水所覆盖，其余约占地球表面 30% 的陆地也有水的存在。地球总水量为 $1.386 \times 10^{18} m^3$，其中淡水储量为 $3.5 \times 10^8$ 亿 $m^3$，占总储量的 2.53%。由于开发困难或技术经济的限制，海水、深层地下水、冰雪固态淡水等还很少被直接利用。比较容易开发利用的、与人类生活生产关系最为密切的湖泊、河流和浅层地下淡水资源，只占淡水总储量的 0.34%，为 $104.6 \times 10^4$ 亿 $m^3$，还不到全球水总储量的万分之一。通常所说的水资源主要指这部分可供使用的、逐年可以恢复更新的淡水资源。可见地球上的淡水资源并不丰富。

尽管水是一种可再生资源，但是它的数量和再生速度都是有限的，况且这部分水分布极不均匀。随着经济的发展和人口的增加，世界用水量在逐年增加。

地球上人类可以利用的淡水资源主要是指降水、地表水和地下水，其中降水资源量、地表水资源量和地下水资源量主要是指年平均降水量、多年平均年河川径流量和平均年地下水更新量（或可恢复量）。世界各地有的水资源量差别很大，除南极洲外，最大平均年地下水更新量是最小平均年地下水更新量的 7 ～ 10 倍。

（三）我国水资源

### 1. 我国水资源总量

我国地处北半球亚欧大陆的东南部，受热带、太平洋低纬度上空温暖而潮湿气团的影响，以及西南的印度洋和东北的鄂霍次克海的水蒸气的影响，东南地区、西南地区及东北地区可获得充足的降水量，使我国成为世界上水资源相对比较丰富的国家之一。随着人民生活水平的提高，社会经济的不断发展，水资源的供需矛盾将会更加突出。

### 2. 水资源时空分布不均匀

我国水资源在空间上的分布很不均匀，南多北少，且与人口、耕地和经济的分布不相适应，使得有些地区水资源供给有余，有些地区水资源供给不足。我国水资源在空间分布上的不均匀性，是造成我国北方和西北许多地区出现资源性缺水的根本原因，而水资源的短缺是影响这些地区经济发展、人民生活水平提高和环境改善等的主要因素之一。

由于我国大部分地区受季风气候的影响，我国水资源在时间分配上也存在明显的年际和年内变化，在我国南方地区，最大年降水量一般是最小年降水量的 2 ～ 4 倍，北方地区为 3 ～ 6 倍；我国长江以南地区由南往北雨季为 3—6 月至 4—7 月，雨季降水量占全年降水量的 50% ～ 60%，长江以北地区雨季为 6—9 月，雨季降水量占全年降水量的 70% ～ 80%。我国水资源的年际和年内变化剧烈，是造成我国水旱灾害频繁的根本原因，这给我国水资源的开发利用和农业生产等方面带来很多困难。

## 二、水资源的重要性与用途

（一）水资源的重要性

水资源的重要性主要体现在以下几方面：

### 1. 生命之源

水是生命的摇篮，最原始的生命是在水中诞生的，水是生命存在不可缺少的物质。不同生物体内都拥有大量的水分，一般情况下，植物植株的含水率为 60% ～ 80%，哺乳类动物体内约有 65%，鱼类 75%，藻类 95%，成年人体内的水分占体重的 65% ～ 70%。

此外，生物体的新陈代谢、光合作用等都离不开水，每人每日大约需要 2 ～ 3L 的水才能维持正常生存。

### 2. 文明的摇篮

没有水就没有生命，没有水更不会有人类的文明和进步，文明往往发源于大河流域，世界四大文明古国——古代中国、古代印度、古代埃及和古代巴比伦，最初都是以大河为基础发展起来的，尼罗河孕育了古埃及的文明，底格里斯河与幼发拉底河流域促进了古巴比伦王国的兴盛，恒河带来了古印度的繁荣，长江与黄河是华夏民族的摇篮。古往今来，人口稠密、经济繁荣的地区总是位于河流湖泊沿岸。沙漠缺水地带，人烟往往比较稀少，经济也比较萧条。

### 3. 社会发展的重要支撑

水资源是社会经济发展过程中不可缺少的一种重要的自然资源，与人类社会的进步与发展紧密相连，是人类社会和经济发展的基础与支撑。在农业用水方面，水资源是一切农作物生长所依赖的基础物质，水对农作物的重要作用表现在它几乎参与了农作物生长的每一个过程，农作物的发芽、生长、发育和结实都需要有足够的水分，当提供的水分不能满足农作物生长的需求时，农作物极可能减产甚至死亡。在工业用水方面，水是工业的血液，工业生产过程中的每一个生产环节（如加工、冷却、净化、洗涤等）几乎都需要水的参与，每个工厂都要利用水的各种作用来维持正常生产，没有足够的水量，工业生产就无法正常进行，水资源保证程度对工业发展规模起着非常重要的作用。在生活用水方面，随着经济发展水平的不断提高，人们对生活质量的要求也不断提高，从而使得人们对水资源的需求量越来越大。若生活需水量不能得到满足，必然会成为制约社会进步与发展的一个瓶颈。

### 4. 生态环境基本要素

生态环境是指影响人类生存与发展的水资源、土地资源、生物资源，以及气候资源数量与质量的总称，是关系到社会和经济持续发展的复合生态系统。水资源是生态环境的基本要素，是良好的生态环境系统结构与功能的组成部分。水资源充沛，有利于营造良好的生态环境，水资源匮乏，则不利于营造良好的生态环境，如我国水资源比较缺乏的华北和西北干旱、半干旱区，大多是生态系统比较脆弱的地带。水资源比较缺乏的地区，随着人口的增长和经济的发展，会使得本已比较缺乏的水资源进一步短缺，从而更容易产生一系列生态环境问题，如草原退化、沙漠面积扩大、水体面积缩小、生物种类和种群减少。

## （二）水资源的用途

水资源是人类社会进步和经济发展的基本物质保证，人类的生产活动和生活活动都离不开水资源的支撑，水资源在许多方面都具有使用价值，水资源的用途主要有农业用水、工业用水、生活用水、生态环境用水、发电用水、航运用水、旅游用水、养殖用水等。

### 1. 农业用水

农业用水包括农田灌溉和林牧渔畜用水。农业用水是我国用水大户，农业用水量占总用水量的比例最大，在农业用水中，农田灌溉用水是农业用水的主要用水和耗水对象，采取有效节水措施，提高农田水资源利用效率，是缓解水资源供求矛盾的一个主要措施。

### 2. 工业用水

工业用水是指工、矿企业的各部门，在工业生产过程（或期间）中，制造、加工、冷却、空调、洗涤、锅炉等处使用的水及厂内职工生活用水的总称。工业用水是水资源利用的一个重要组成部分，由于工业用水组成十分复杂，工业用水的多少受工业类别、生产方式、用水工艺和水平及工业化水平等因素的影响。

### 3. 生活用水

生活用水包括城市生活用水和农村生活用水两方面，其中城市生活用水包括城市居民住宅用水、市政用水、公共建筑用水、消防用水、供热用水、环境景观用水和娱乐用水等；农村生活用水包括农村日常生活用水和家养禽畜用水等。

### 4. 生态环境用水

生态环境用水是指为达到某种生态水平，并维持这种生态平衡所需要的用水量。生态环境用水有一个阈值范围，用于生态环境用水的水量超过这个阈值范围，就会导致生态环境的破坏。许多水资源短缺的地区，在开发利用水资源时，往往不考虑生态环境用水，产生许多生态环境问题。因此，进行水资源规划时，充分考虑生态环境用水，是这些地区修复生态环境问题的前提。

### 5. 水力发电

地球表面各种水体（河川、湖泊、海洋）中蕴藏的能量，称为水能资源或水力资源。水力发电是利用水能资源生产电能。

### 6. 其他用途

水资源除了在上述的农业、工业、生活、生态环境和水力发电方面具有重要使用价值而得到广泛应用外，水资源还可用于发展航运事业、渔业养殖和旅游事业等。在上述

水资源的用途中，农业用水、工业用水和生活用水的比例称为用水结构，用水结构能够反映出一个国家的工农发展水平和城市建设发展水平。

美国、日本和中国的农业用水量、工业用水量和生活用水量有显著差别。在美国，工业用水量最大，其次为农业用水量，再次为生活用水量；在日本，农业用水量最大，除个别年份外，工业用水量和生活用水量相差不大；在中国，农业用水量最大，其次为工业用水量，最后为生活用水量。

水资源的使用用途不同时，对水资源本身产生的影响就不同，对水资源的要求也不尽相同，如水资源用于农业用水、生活用水和工业用水等部门时，这些用水部门会把水资源当作物质加以消耗。此外，这些用水部门对水资源的水质要求也不相同，当水资源用于水力发电、航运和旅游等部门时，被利用的水资源一般不会发生明显的变化。水资源具有多种用途，开发利用水资源时，要考虑水源的综合利用，不同用水部门对水资源的要求不同，这为水资源的综合利用提供了可能，但同时也要妥善解决不同用水部门对水资源要求不同而产生的矛盾。

## 三、水资源保护与管理的意义

水资源是基础自然资源，水资源为人类社会的进步和社会经济的发展提供了基本的物质保证，由于水资源的固有属性（如有限性和分布不均匀性等）、气候条件的变化和人类的不合理开发利用，在水资源的开发利用过程中，产生了许多水问题，如水资源短缺、水污染严重、洪涝灾害频繁、地下水过度开发、水资源开发管理不善、水资源浪费严重和水资源开发利用不够合理等，这些问题限制了水资源的可持续发展，也阻碍了社会经济的可持续发展和人民生活水平的不断提高。因此，进行水资源的保护与管理是人类社会可持续发展的重要保障。

### （一）缓解和解决各类水问题

进行水资源保护与管理，有助于缓解或解决水资源开发利用过程中出现的各类水问题，比如通过采取高效节水灌溉技术，减少农田灌溉用水的浪费，提高灌溉水利用效率；通过提高工业生产用水的重复利用率，减少工业用水的浪费；通过建立合理的水费体制减少生活用水的浪费；通过采取一些蓄水和引水等措施，缓解一些地区的水资源短缺问题；通过对污染物进行达标排放与总量控制，以及提高水体环境容量等措施，改善水体水质，减少和杜绝水污染现象的发生；通过合理调配农业用水、工业用水、生活用水和生态环境用水之间的比例，改善生态环境，防止生态环境问题的发生；通过对供水、灌溉、水力发电、航运、渔业、旅游等用水部门进行水资源的优化调配，解决各用水部门之间的矛盾，减少不应有的损失；通过进一步加强地下水开发利用的监督与管理工作，完善地下水和地质环境监测系统，有效控制地下水的过度开发；通过采取工程措施和非工程措施改变水资源在空间分布和时间分布上的不均匀性，减轻洪涝灾害的影响。

（二）提高人们的水资源管理和保护意识

水资源开采利用过程中产生的许多水问题，都是由于人类不合理利用及缺乏保护意识造成的，通过让更多的人参与水资源的保护与管理，加强水资源保护与管理教育，以及普及水资源知识，进而增强人们的水治意识和水资源观念，提高人们的水资源管理和保护意识，自觉地珍惜水，合理地用水，从而为水资源的保护与管理创造一个良好的社会环境与氛围。

（三）保证人类社会的可持续发展

水是生命之源，是社会发展的基础，进行水资源保护与管理研究，建立科学合理的水资源保护与管理模式，实现水资源的可持续开发利用，能够确保人类生存、生活和生产，以及生态环境等用水的长期需求，从而为人类社会的可持续发展提供坚实的基础。

## 第二节　水资源的形成

水循环是地球上最重要、最活跃的物质循环之一，它实现了地球系统水量、能量和地球生物化学物质的迁移与转换，构成了全球性的连续有序的动态大系统。水循环把海陆有机地连接起来，塑造着地表形态，制约着地球生态环境的平衡与协调，不断提供再生的淡水资源。因此，水循环对于地球表层结构的演化和人类可持续发展都具有重大意义。

在水循环过程中，海陆之间的水汽交换及大气水、地表水、地下水之间的相互转换，形成了陆地上的地表径流和地下径流。地表径流和地下径流的特殊运动，塑造了陆地的一种特殊形态——河流与流域。一个流域或特定区域的地表径流和地下径流的时空分布既与降水的时空分布有关，亦与流域的形态特征、自然地理特征有关。因此，不同流域或区域的地表水资源和地下水资源具有不同的形成过程及时空分布特性。

## 一、地表水资源的形成与特点

地表水分为广义地表水和狭义地表水，前者指以液态或固态形式覆盖在地球表面上，暴露在大气中的自然水体，包括河流、湖泊、水库、沼泽、海洋、冰川和永久积雪等，后者则是陆地上各种液态、固态水体的总称，包括静态水和动态水，主要有河流、湖泊、水库、沼泽、冰川和永久积雪等。其中，动态水指河流径流量和冰川径流量，静态水指各种水体的储水量。地表水资源是指在人们生产生活中具有实用价值和经济价值的地表水，包括冰雪水、河川水和湖沼水等，一般用河川径流量表示。

在多年平均情况下，水资源量的收支项主要为降水、蒸发和径流，水量平衡时，收支在数量上是相等的。降水作为水资源的收入项，决定着地表水资源的数量、时空分布和可开发利用程度。由于地表水资源所能利用的是河流径流量，所以在讨论地表水资源的形成与分布时，重点讨论构成地表水资源的河流资源的形成与分布问题。

降水、蒸发和径流是决定区域水资源状态的三要素，三者数量及其可利用量之间的变化关系决定着区域水资源的数量和可利用量。

（一）降水

### 1. 降雨的形成

降水是指液态或固态的水汽凝结物从云中落到地表的现象，如雨、雪、雾、雹、露、霜等，其中以雨、雪为主。我国大部分地区，一年内降水以雨水为主，雪仅占少部分。所以，通常说的降水主要指降雨。

当水平方向温度、湿度比较均匀的大块空气即气团受到某种外力的作用向上升时，气压降低，空气膨胀，为克服分子间引力须消耗自身的能量，在上升过程中发生动力冷却，使气团降温。当温度下降到使原来未饱和的空气达到了过饱和状态时，大量多余的水汽便凝结成云。云中水滴不断增大，直到不能被上气流所托时，便在重力作用下形成降雨。因此空气的垂直上升运动和空气中水汽含量超过饱和水汽含量是产生降雨的基本条件。

### 2. 降雨的分类

按空气上升的原因，降雨可分为锋面雨、地形雨、对流雨和气旋雨。

（1）锋面雨

冷暖气团相遇，其交界面叫锋面，锋面与地面的相交地带叫锋线，锋面随冷暖气团的移动而移动。锋面上的暖气团被抬升到冷气团上面去。在抬升的过程中，空气中的水汽冷却凝结，形成的降水叫锋面雨。

根据冷、暖气团运动情况，锋面雨又可分为冷锋雨和暖锋雨。当冷气团向暖气团推进时，因冷空气较重，冷气团楔进暖气团下方，把暖气团挤向上方，发生动力冷却而致雨，称为冷锋雨。当暖气团向冷气团移动时，由于地面的摩擦作用，上层移动较快，底层较慢，使锋面坡度较小，暖空气沿着这个平缓的坡面在冷气团上爬升，在锋面上形成了一系列云系并冷却致雨，称为暖锋雨。我国大部分地区在温带，属南北气流交汇区域，因此，锋面雨的影响很大，常造成河流的洪水。我国夏季受季风影响，东南地区多暖锋雨，如长江中下游的梅雨；北方地区多冷锋雨。

（2）地形雨

暖湿气流在运移过程中，遇到丘陵、高原、山脉等阻挡，沿坡面上升而冷却致雨，称为地形雨。地形雨大部分降落在山地的迎风坡。在背风坡，气流下降增温，且大部分水汽已在迎风坡降落，故降雨稀少。

（3）对流雨

当暖湿空气笼罩一个地区时，因下垫面局部受热增温，与上层温度较低的空气产生强烈对流作用，使暖空气上升冷却致雨，称为对流雨。对流雨一般强度大，但雨区小，历时也较短，并常伴有雷电，又称雷阵雨。

（4）气旋雨

气旋是中心气压低于四周的大气涡旋。涡旋运动引起暖湿气团大规模的上升运动，水汽因动力冷却而致雨，称为气旋。按热力学性质分类，气旋可分为温带气旋和热带气旋。我国气象部门把中心地区附近地面最大风速达到 12 级的热带气旋称为台风。

### 3. 降雨的特征

降雨特征常用降水量、降水历时、降水强度、降水面积及暴雨中心等基本因素表示。降水量是指在一定时段内降落在某一点或某一面积上的总水量，用深度表示，以 mm 计。降水量一般分为 7 级。降水的持续时间称为降水历时，以 min、h、d 计。降水笼罩的平面面积称为降水面积，以 $km^2$ 计。暴雨集中的较小局部地区，称为暴雨中心。降水历时和降水强度反映了降水的时程分配，降水面积和暴雨中心反映了降水的空间分配。

（二）径流

径流是指由降水所形成的，沿着流域地表和地下向河川、湖泊、水库、洼地等流动的水流。其中，沿着地面流动的水流称为地表径流；沿着土壤岩石孔隙流动的水流称为地下径流；汇集到河流后，在重力作用下沿河床流动的水流称为河川径流。径流因降水

形式和补给来源的不同，可分为降雨径流和融雪径流，我国大部分以降雨径流为主。

径流过程是地球上水循环中重要的一环。在水循环过程中，陆地上的降水 34% 转化为地表径流和地下径流汇入海洋。径流过程又是一个复杂多变的过程，与水资源的开发利用、水环境保护、人类同洪旱灾害的斗争等生产经济活动密切相关。

### 1．径流形成过程及影响因素

由降水到达地面时起，到水流流经出口断面的整个过程，称为径流形成过程。降水的形式不同，径流的形成过程也各不相同。大气降水的多变性和流域自然地理条件的复杂性决定了径流形成过程是一个错综复杂的物理过程。降水落到流域面上后，首先向土壤内下渗，一部分水以壤中流形式汇入沟渠，形成上层壤中流；一部分水继续下渗，补给地下水；还有一部分以土壤水形式保持在土壤内，其中一部分消耗蒸发。当土壤含水量达到饱和或降水强度大于入渗强度时，降水扣除入渗后还有剩余，余水开始流动充填坑洼，继而形成坡面流汇入河槽和壤中流一起形成出口流量过程。故整个径流形成过程往往涉及大气降水、土壤下渗、壤中流、地下水、蒸发、填洼、坡面流和河槽汇流，是气象因素和流域自然地理条件综合作用的过程，难以用数学模型描述。为便于分析，一般把它概化为产流阶段和汇流阶段。产流是降水扣除损失后的净雨产生径流的过程。汇流，指净雨沿坡面从地面和地下汇入河网，然后再沿着河网汇集到流域出口断面的过程。前者称为坡地汇流，后者称为河网汇流，两部分过程合称为流域汇流过程。

影响径流形成的因素有气候因素、地理因素和人类活动因素。

（1）气候因素

气候因素主要是降水和蒸发。降水是径流形成的必要条件，是决定区域地表水资源丰富程度、时空分布及可利用程度与数量的最重要的因素。其他条件相同时降雨强度大、历时长、降雨笼罩面积大，则产生的径流也大。同一流域，雨型不同，形成的径流过程也不同。蒸发直接影响径流量的大小。蒸发量大，降水损失量就大，形成的径流量就小。对于一次暴雨形成的径流来说，虽然在径流形成的过程中蒸发量的数值相对不大，甚至可忽略不计，但流域在降雨开始时土壤含水量直接影响着本次降雨的损失量，即影响着径流量，而土壤含水量与流域蒸发有密切关系。

（2）地理因素

地理因素包括流域地形、流域的大小和形状、河道特性、土壤、岩石和地质构造、植被、湖泊和沼泽等。

流域地形特征包括地面高程、坡面倾斜方向及流域坡度等。流域地形通过影响气候因素间接影响径流的特性，如山地迎风坡降雨量较大，背风坡降雨量小；地面高程较高时，气温低，蒸发量小，降雨损失量小。流域地形还直接影响汇流条件，从而影响径流过程。如地形陡峭，河道比降大，则水流速度快，河槽汇流时间较短，洪水陡涨陡落，流量过程线多呈尖瘦形；反之，则较平缓。

流域大小不同，对调节径流的作用也不同。流域面积越大，地表与地下蓄水容积越大调节能力也越强。流域面积较大的河流，河槽下切较深，得到的地下水补给就较多。流域面积小的河流，河槽下切往往较浅，因此，地下水补给也较少。

流域长度决定了径流到达出口断面所需要的汇流时间。汇流时间越长，流量过程线越平缓。流域形状与河系排列有密切关系。扇形排列的河系，各支流洪水较集中地汇入干流，流量过程线往往较陡峻；羽形排列的河系各支流洪水可顺序而下，遭遇的机会少，流量过程线较矮平；平行状排列的河系，其流量过程线与扇形排列的河系类似。

河道特性包括：河道长度、坡度和糙率。河道短、坡度大、糙率小，则水流流速大，河道输送水流能力大，流量过程线尖瘦；反之，则较平缓。

流域土壤、岩石性质和地质构造与下渗量的大小有直接关系，从而影响产流量和径流过程特性，以及地表径流和地下径流的产流比例关系。

植被能阻滞地表水流，增加下渗。森林地区表层土壤容易透水，有利于雨水渗入地下从而增大地下径流，减少地表径流，使径流趋于均匀。对于融雪补给的河流，由于森林内温度较低，能延长融雪时间，使春汛径流历时增长。

湖泊（包括水库和沼泽）对径流有一定的调节作用，能拦蓄洪水，削减洪峰，使径流过程变得平缓。因水面蒸发较陆面蒸发大，湖泊、沼泽增加了蒸发量，使径流量减少。

（3）人类活动因素

影响径流的人类活动是指人们为了开发利用和保护水资源，达到除害兴利的目的而修建的水利工程及采用农林措施等。这些工程和措施改变了流域的自然面貌，从而也就改变了径流的形成和变化条件，影响了蒸发量、径流量及其时空分布、地表和地下径流的比例、水体水质等。例如，蓄、引水工程改变了径流时空分布；水土保持措施能增加下渗水量，改变地表和地下水的比例及径流时程分布，影响蒸发；水库和灌溉设施增加了蒸发，减少了径流。

### 2. 河流径流补给

河流径流补给又称河流水源补给。河流补给的类型及其变化决定着河流的水文特性。我国大多数河流的补给主要是流域上的降水。根据降水形式及其向河流运动的路径，河流的补给可分为雨水补给、地下水补给、冰雪融水补给，以及湖泊、沼泽补给等。

（1）雨水补给

雨水是我国河流补给的最主要水源。当降雨强度大于土壤入渗强度后产生地表径流，雨水汇入溪流和江河之中从而使河水径流得以补充。以雨水补给为主的河流的水情特点是水位与流量变化快，在时程上与降雨有较好的对应关系，河流径流的年内分配不均匀，年际变化大，丰枯悬殊。

（2）地下水补给

地下水补给是我国河流补给的一种普遍形式。特别是在冬季和少雨无雨季节，大部分河流水量基本上来自地下水。地下水是雨水和冰雪融水渗入地下转化而成的，它的基本来源仍然是降水，因其经地下“水库”的调节，对河流径流量及其在时间上的变化产生影响。以地下水补给为主的河流，其年内分配和年际变化都较均匀。

（3）冰雪融水补给

冬季在流域表面的积雪、冰川，至次年春季随着气候的变暖而融化成液态的水，补给河流而形成春汛。此种补给类型在全国河流中所占比例不大，水量有限但冰雪融水补给主要发生在春季，这时正是我国农业生产上需水的季节，因此，对于我国北方地区春季农业用水有着重要的意义。冰雪融水补给具有明显的日变化和年变化，补给水量的年际变化幅度要小于雨水补给。这是因为融水量主要与太阳辐射、气温变化一致，而气温的年际变化比降雨量年际变化小。

（4）湖泊、沼泽水补给

流域内山地的湖泊常成为河流的源头。位于河流中下游地区的湖泊，接纳湖区河流来水，又转而补给干流水量。这类湖泊由于湖面广阔，深度较大，对河流径流有调节作用。河流流量较大时，部分洪水流进大湖内，削减了洪峰流量；河流流量较小时，湖水流入下流，补充径流量，使河流水量年内变化趋于均匀。沼泽水补给量小，对河流径流调节作用不明显。

我国河流主要靠降雨补给。在华北、西北及东北的河流虽也有冰雪融水补给，但仍以降雨补给为主，为混合补给。只有新疆、青海等地的部分河流是靠冰川、积雪融水补给，该地区的其他河流仍然是混合补给。由于各地气候条件的差异，上述四种补给在不同地区的河流中所占比例差别较大。

### 3. 径流时空分布

（1）径流的区域分布

受降水量影响，以及地形地质条件的综合影响，年径流区域分布既有地域性的变化，又有局部的变化，我国年径流深度分布的总体趋势与降水量分布一样由东南向西北递减。

（2）径流的年际变化

径流的年际变化包括径流的年际变化幅度和径流的多年变化过程两方面，年际变化幅度常用年径流量变差系数和年径流极值比表示。

年径流变差系数大，年径流的年际变化就大，不利于水资源的开发利用，也容易发生洪涝灾害；反之，年径流的年际变化小，有利于水资源的开发利用。

影响年径流变差系数的主要因素是年降水量、径流补给类型和流域面积。降水量丰富地区，其降水量的年际变化小，植被茂盛，蒸发稳定，地表径流较丰沛，因此年径流变差系数小；反之，则年径流变差系数大。相比较而言，降水补给的年径流变差系数大于冰川、积雪融水和降水混合补给的年径流变差系数，而后者又大于地下水补给的年径流变差系数。流域面积越大，径流成分越复杂，各支流之、干支流之间的径流丰枯变化可以互相调节；另外，面积越大，因河川切割很深，地下水的补给丰富而稳定。因此，流域面积越大，其年径流变差系数越小。

年径流的极值比是指最大径流量与最小径流量的比值。极值比越大，径流的年际变化越大；反之，年际变化越小。极值比的大小变化规律与变差系数同步。

径流的年际变化过程是指径流具有丰枯交替、出现连续丰水和连续枯水的周期变化，但周期的长度和变幅存在随机性。

（3）径流的季节变化

河流径流一年内有规律的变化，叫作径流的季节变化，取决于河流径流补给来源的类型及变化规律。以雨水补给为主的河流，主要随降雨量的季节变化而变化。以冰雪融水补给为主的河流，则随气温的变化而变化。径流季节变化大的河流，容易发生干旱和洪涝灾害。

我国绝大部分地区为季风区，雨量主要集中在夏季，径流也是如此。而西部内陆河

流主要靠冰雪融水补给，夏季气温高，径流集中在夏季，形成我国绝大部分地区夏季径流占优势的基本布局。

（三）蒸发

蒸发是地表或地下的水由液态或固态转化为水汽，并进入大气的物理过程，是水文循环中的基本环节之一，也是重要的水量平衡要素，对径流有直接影响。蒸发主要取决于暴露表面的水的面积与状况，与温度、阳光辐射、风、大气压力和水中的杂质质量有关，其大小可用蒸发量或蒸发率表示。蒸发量是指某一时段如日、月、年内总蒸发掉的水层深度，以 mm 计；蒸发率是指单位时间内的蒸发量，以 mm/min 或 mm/h 计。流域或区域上的蒸发包括水面蒸发和陆面蒸发，后者包括土壤蒸发和植物蒸腾。

### 1. 水面蒸发

水面蒸发是指江、河、湖泊、水库和沼泽等地表水体水面上的蒸发现象。水面蒸发是最简单的蒸发方式，属饱和蒸发。影响水面蒸发的主要因素是温度、湿度、辐射、风速和气压等气象条件。因此，在地域分布上，冷湿地区水面蒸发量小，干燥、气温高的地区水面蒸发量大；高山地区水面蒸发量小，平原区水面蒸发量大。

水面蒸发的地区分布呈现出如下特点：①低温湿润地区水面蒸发量小，高温干燥地区水面蒸发量大；②蒸发低值区一般多在山区，而高值区多在平原区和高原区，平原区的水面蒸发大于山区；③水面蒸发的年内分配与气温、降水有关，年际变化不大。

我国多年平均水面蒸发量最低值为 400mm，最高可达 2600mm，相差悬殊。暴雨中心地区水面蒸发可能是低值中心。

### 2. 陆面蒸发

（1）土壤蒸发

土壤蒸发是指水分从土壤中以水汽形式逸出地面的现象。它比水面蒸发要复杂得多，除了受上述气象条件的影响外，还与土壤性质、土壤结构、土壤含水量、地下水位的高低、地势和植被状况等因素密切相关。

对于完全饱和、无后继水量加入的土壤其蒸发过程大体上可分为三个阶段：第一阶段，土壤完全饱和，供水充分，蒸发在表层土壤进行，此时的蒸发率等于或接近于土壤蒸发能力，蒸发量大而稳定。第二阶段，由于水分逐渐蒸发消耗，土壤含水量转化为非饱和状态，局部表土开始干化，土壤蒸发一部分仍在地表进行，另一部分发生在土壤内部。此阶段中，随着土壤含水量的减少，供水条件来越差，故其蒸发率随时间逐渐减小。

第三阶段表层土壤干涸，向深层扩展，土壤水分蒸发主要发生在土壤内部。蒸发形成的水汽由分子扩散作用通过表面干涸层逸入大气，其速度极为缓慢、蒸发量小而稳定，直至基本终止。由此可见，土壤蒸发影响土壤含水量的变化，是土壤失水的干化过程，是水文循环的重要环节。

（2）植物蒸腾

土壤中水分经植物根系吸收，输送到叶面，散发到大气中去，称为植物蒸腾或植物散发。由于植物本身参与了这个过程，并能利用叶面气孔进行调节，故是一种生物物理过程，比水面蒸发和土壤蒸发更为复杂，它与土壤环境、植物的生理结构及大气状况有密切的关系。由于植物生长于土壤中，故植物蒸腾与植物覆盖下土壤的蒸发实际上是并存的。因此，研究植物蒸腾往往和土壤蒸发合并进行。

目前陆面蒸发量一般采用水量平衡法估算，对多年平均陆面蒸发来讲，它由流域内年降水量减去年径流量而得，陆面蒸发等值线即以此方法绘制而得。除此，陆面蒸发量还可以利用经验公式来估算。

我国根据蒸发量为 300mm 的等值线自东北向西南将中国陆地蒸发量分布划分为两个区：

陆面蒸发量低值区（300mm 等值线以西）：一般属于干旱半干旱地区，雨量少、温度低，如塔里木盆地、柴达木盆地其多年平均陆面蒸发量小于 25mm。

陆面蒸发量高值区（300mm 等值线以东）：一般属于湿润与半湿润地区，我国广大的南方湿润地区雨量大，蒸发能力可以充分发挥。海南省东部多年平均陆面蒸发量可达 1000mm 以上。

说明陆面蒸发量的大小不仅取决于热能条件，还取决于陆面蒸发能力和陆面供水条件。陆面蒸发能力可近似的由实测水面蒸发量综合反映，而陆面供水条件则与降水量大小及其分配是否均匀有关。我国蒸发量的地区分布与降水、径流的地区分布有着密切关系，由东南向西北有明显递减趋势，供水条件是陆面蒸发的主要制约因素。

一般来说，降水量年内分配比较均匀的湿润地区，陆面蒸发量与陆面蒸发能力相差不大，如长江中下游地区，供水条件充分，陆面蒸发量的地区变化和年际变化都不是很大，年陆面蒸发量仅在 550 ～ 750mm 间变化，陆面蒸发量主要由热能条件控制。但在干旱地区陆面蒸发量则远小于陆面蒸发能力，其陆面蒸发量的大小主要取决于供水条件。

### 3. 流域总蒸发

流域总蒸发是流域内所有的水面蒸发、土壤蒸发和植物蒸腾的总和。因为流域内气象条件和下垫面条件复杂，要直接测出流域的总蒸发几乎不可能，实用的方法是先对流

域进行综合研究，再用水量平衡法或模型计算方法求出流域的总蒸发。

## 二、地下水资源的形成与特点

地下水是指存在于地表以下岩石和土壤的孔隙、裂隙、溶洞中的各种状态的水体由渗透和凝结作用形成，主要来源为大气水。广义的地下水是指赋存于地面以下岩土孔隙中的水，包括包气带及饱水带中的孔隙水。狭义的地下水则指赋存于饱水带岩土孔隙中的水。地下水资源是指能被人类利用、逐年可以恢复更新的各种状态的地下水。地下水由于水量稳定，水质较好，是工农业生产和人们生活的重要水源。

### （一）岩石孔隙中水的存在形式

岩石孔隙中水的存在形式主要为气态水、结合水、重力水、毛细水和固态水。

#### 1．气态水

以水蒸气状态储存和运动于未饱和的岩石孔隙之中，来源于地表大气中的水汽移入或岩石中其他水分蒸发，气态水可以随空气的流动而运动。空气不运动时，气态水也可以由绝对湿度大的地方向绝对湿度小的地方运动。当岩石孔隙中水汽增多达到饱和时或是当周围温度降低至露点时，气态水开始凝结成液态水而补给地下水。由于气态水的凝结不一定在蒸发地区进行，因此会影响地下水的重新分布。气态水本身不能直接开采利用，也不能被植物吸收。

#### 2．结合水

松散岩石颗粒表面和坚硬岩石孔隙壁面，因分子引力和静电引力作用产生使水分子被牢固地吸附在岩石颗粒表面，并在颗粒周围形成很薄的第一层水膜，称为吸着水。吸着水被牢牢地吸附在颗粒表面，不能在重力作用下运动，故又称为强结合水。其特征为：不能流动，但可转化为气态水而移动；冰点降低至 −78℃以下；不能溶解盐类，无导电性；具有极大的黏滞性和弹性；平均密度为 $2g/m^3$。

吸着水的外层，还有许多水分子亦受到岩石颗粒引力的影响，吸附着第二层水膜，称为薄膜水。薄膜水的水分子距颗粒表面较远，吸引力较弱，故又称为弱结合水。薄膜水的特点是：因引力不等，两个质点的薄膜水可以相互移动，由薄膜厚的地方向薄处转移；薄膜水的密度虽与普通水差不多，但黏滞性仍然较大；有较低的溶解盐的能力。吸着水与薄膜水统称为结合水，都是受颗粒表面的静电引力作用而被吸附在颗粒表面。它们的含水量主要取决于岩石颗粒的表面积大小，与表面积大小成正比。在包气带中，因结合水的分布是不连续的，所以不能传递静水压力；而处在地下水面以下的饱水带时，

当外力大于结合水的抗剪强度时，则结合水便能传递静水压力。

### 3．重力水

岩石颗粒表面的水分子增厚到一定程度，水分子的重力大于颗粒表面，会产生向下的自由运动，在孔隙中形成重力水。重力水具有液态水的一般特性，能传递静水压力，有冲刷、侵蚀和溶解能力。从井中吸出或从泉中流出的水都是重力水。重力才是研究的主要对象。

### 4．毛细水

地下水面以上岩石细小孔隙中具有毛细管现象，形成一定上升高度的毛细水带。毛细水不受固体表面静电引力的作用，而受表面张力和重力的作用，称为半自由水。当两力作用达到平衡时，便保持一定高度滞留在毛细管孔隙或小裂隙中，在地下水面以上形成毛细水带。由地下水面支撑的毛细水带，称为支持毛细水。其毛细管水面可以随着地下水位的升降和补给、蒸发作用而发生变化，但其毛细管上升高度保持不变，它只能进行垂直运动，可以传递静水压力。

### 5．固态水

以固态形式存在于岩石孔隙中的水称为固态水，在多年冻结区或季节性冻结区可以见到这种水。

## （二）地下水形成的条件

### 1．岩层中有地下水的储存空间

岩层的空隙性是构成具有储水与给水功能的含水层的先决条件。岩层要构成含水层，首先要有能储存地下水的孔隙、裂隙或溶隙等空间，使外部的水能进入岩层形成含水层。然而，有空隙存在不一定就能构成含水层，如黏土层的孔隙度可达 50% 以上，但其空隙几乎全被结合水或毛细水所占据，重力水很少，所以它是隔水层。透水性好的砾石层、砂石层的孔隙度较大，孔隙也大，水在重力作用下可以自由出入，所以往往形成储存重力水的含水层。坚硬的岩石，只有发育有未被填充的张性裂隙、张扭性裂隙和溶隙时，才可能构成含水层。

空隙的多少、大小、形状、连通情况与分布规律，对地下水的分布与运动有着重要影响。按空隙特性可将其分类为：松散岩石中的孔隙、坚硬岩石中的裂隙和可溶岩石中的溶隙，分别用孔隙度、裂隙度和溶隙度表示空隙的大小，依次定义为岩石孔隙体积与岩石体体积之比、岩石裂隙体积与岩石总体积之比、可溶岩石孔隙体积与可溶岩石总体积之比。

### 2．岩层中有储存、聚集地下水的地质条件

含水层的构成还必须具有一定的地质条件，才能使具有空隙的岩层含水，并把地下水储存起来。有利于储存和聚集地下水的地质条件虽有各种形式，但概括起来不外乎是：空隙岩层下有隔水层，使水不能向下渗漏；水平方向有隔水层阻挡，以免水全部流空。只有这样的地质条件才能使运动在岩层空隙中的地下水长期储存下来，并充满岩层空隙而形成含水层。如果岩层只具有空隙而无有利于储存地下水的构造条件，这样的岩层就只能作为过水通道而构成透水层。

### 3．有足够的补给来源

当岩层空隙性好，并具有储存、聚集地下水的地质条件时，还必须有充足的补给来源才能使岩层充满重力水而构成含水层。

地下水补给量的变化，能使含水层与透水层之间相互转化。在补给来源不足、消耗量大的枯水季节里，地下水在含水层中可能被疏干，这样含水层就变成了透水层；而在补给充足的丰水季节，岩层的空隙又被地下水充满，重新构成含水层。由此可见，补给来源不仅是形成含水层的一个重要条件，而且是决定水层水量多少和保证程度的一个主要因素。

综上所述，只有当岩层具有地下水自由出入的空间，适当的地质构造条件和充足的补给来源时，才能构成含水层。这三个条件缺一不可，但有利于储水的地质构造条件是主要的。

因为空隙岩层存在于该地质构造中，岩空隙的发生、发展及分布都脱离不开这样的地质环境，特别是坚硬岩层的空隙，受构造控制更为明显；岩层空隙的储水和补给过程也取决于地质构造条件。

（三）地下水的类型

按埋藏条件，地下水可划分为四个基本类型：土壤水（包气带水）、上层滞水、潜水和承压水。

土壤水是指吸附于土壤颗粒表面和存在于土壤空隙中的水。

上层滞水是指包气带中局部隔水层或弱透水层上积聚的具有自由水面的重力水，是在大气降水或地表水下渗时，受包气带中局部隔水层的阻托滞留聚集而成。上层滞水埋藏的共同特点是：在透水性较好的岩层中央有不透水岩层。上层滞水因完全靠大气降水或地表水体直接入渗补给，水量受季节控制特别显著，一些范围较小的上层滞水旱季往往干枯无水，当隔水层分布较广时可作为小型生活水源和季节性水源。上层滞水的矿化度一般较低，因接近地表，水质易受到污染。

潜水是指饱水带中第一个具有自由表面含水层中的水。潜水的埋藏条件决定了潜水具有以下特征：

（1）具有自由表面。由于潜水的上部没有连续完整的隔水顶板，因此具有自由水面，称为潜水面。有时潜水面上有局部的隔水层，且潜水充满两隔水层之间，在此范围内的潜水将承受静水压力，呈现局部承压现象。

（2）潜水通过包气带与地表相连通，大气降水、凝结水、地表水通过包气带的空隙通道直接渗入补给潜水，所以在一般情况下，潜水的分布区与补给区是一致的。

（3）潜水在重力作用下，由潜水位较高处向较低处流动，其流速取决于含水层的渗透性能和水力坡度。潜水向排泄处流动时，其水位逐渐下降，形成曲线形表面。

（4）潜水的水量、水位和化学成分随时间的变化而变化，受气候影响大，具有明显的季节性变化特征。

（5）潜水较易受到污染。潜水水质变化较大，在气候湿润、补给量充足及地下水流畅通地区，往往形成矿化度低的淡水；在气候干旱与地形低洼地带或补给量贫乏及地下水径流缓慢地区，往往形成矿化度很高的咸水。

潜水分布范围大，埋藏较浅，易被人工开采。当潜水补给充足，特别是河谷地带和山间盆地中的潜水，水量比较丰富，可作为工业、农业生产和生活用水的良好水源。

承压水是指充满于上下两个稳定隔水层之间的含水层中的重力水。承压水的主要特点是有稳定的隔水顶板存在，没有自由水面，水体承受静水压力，与有压管道中的水流相似。承压水的上部隔水层称为隔水顶板，下部隔水层称为隔水底板；两隔水层之间的含水层称为承压含水层；隔水顶板到底板的垂直距离称为含水层厚度。

承压水由于有稳定的隔水顶板和底板，因而与外界联系较差，与地表的直接联系大部分被隔绝，所以其埋藏区与补给区不一致。承压含水层在出露地表部分可以接受大气降水及地表水补给，上部潜水也可越流补给承压含水层。承压水的排泄方式多种多样，可以通过标高较低的含水层出露区或断裂带排泄到地表水、潜水含水层或另外的承压含水层，也可直接排泄到地表成为上升泉。承压含水层的埋藏度一般都较潜水为大，在水位、水量、水温、水质等方面受水文气象因素、人为因素及季节变化的影响较小，因此富水性较好的承压含水层是理想的供水水源。虽然承压含水层的埋藏深度较大，但其稳定水

位都常常接近或高于地表，这为开采利用创造了有利条件。

（四）地下水循环

地下水循环是指地下水的补给、径流和排泄过程，是自然界水循环的重要组成部分，不论是全球的大循环还是陆地的小循环，地下水的补给、径流、排泄都是其中的一部分。大气降水或地表水渗入地下补给地下水，地下水在地下形成径流，又通过潜水蒸发、流入地表水体及泉水涌出等形式排泄。这种补给、径流、排泄无限往复的过程即为地下水的循环。

### 1．地下水补给

含水层自外界获得水量的过程称为补给。地下水的补给来源主要有大气降水、地表水、凝结水、其他含水层的补给及人工补给等。

（1）大气降水入渗补给

当大气降水降落到地表后，一部分蒸发重新回到大气，一部分变为地表径流，剩余一部分达到地面以后，向岩石、土壤的空隙渗入，如果降雨以前土层湿度不大，则入渗的降水首先形成薄膜水。达到最大薄膜水量之后，继续入渗的水则充填颗粒之间的毛细孔隙，形成毛细水。当包气层的毛细孔隙完全被水充满时，形成重力水的连续下渗而不断地补给地下水。

在很多情况下，大气降水是地下水的主要补给方式。大气降水补给地下水的水量受到很多因素的影响，与降水强度、降水形式、植被、包气带岩性、地下水埋深等有关。一般当降水量大、降水过程长、地形平坦、植被茂盛、上部岩层透水性好、地下水埋藏深度不大时大气降水才能大量入渗补给地下水。

（2）地表水入渗补给

地表水和大气降水一样，也是地下水的主要补给来源，但时空分布特点不同。在空间分布上，大气降水入渗补给地下水呈面状补给，范围广且较均匀；而地表入渗补给一般为线状补给或呈点状补给，补给范围仅限地表水体周边。在时间分布上，大气降水补给的时间有限，具有随机性，而地表水补给的持续时间一般较长，甚至是经常性的。

地表水对地下水的补给强度主要受岩层透水性的影响，还和地表水水位与地下水水位的高差、洪水延续时间、河水流量、河水含沙量、地表水体与地下水联系范围的大小等因素有关。

（3）凝结水入渗补给

凝结水的补给是指大气中过饱和水分凝结成液态水渗入地下补给地下水。沙漠地区和干旱地区昼夜温差大，白天气温较高，空气中含水量一般不足，但夜间温度下降，空气中的水蒸气含量过于饱和，便会凝结于地表，然后入渗补给地下水。在沙漠地区及干旱地区，大气降水和地表水很少，补给地下水的部分微乎其微，因此凝结水的补给就成为这些地区地下水的主要补给来源。

（4）含水层之间的补给

两个含水层之间具有联系通道、存在水头差并有水力联系时，水头较高的含水层将水补给水头较低的含水层。其补给途径可以通过含水层之间的“天窗”发生水力联系，也可以通过含水层之间的越流方式补给。

（5）人工补给

地下水的人工补给是借助某些工程措施，人为地使地表水自流或用压力将其引入含水层，以增加地下水的渗入量。人工补给地下水具有占地少、造价低、管理易、蒸发少等优点，不仅可以增加地下水资源，还可以改善地下水水质，调节地下水温度，阻拦海水入侵，减小地面沉降。

### 2. 地下水径流

地下水在岩石空隙中流动的过程称为径流。地下水径流过程是整个地球水循环的一部分。大气降水或地表水通过包气带向下渗漏，补给含水层成为地下水，地下水又在重力作用下，由水位高处向水位低处流动，最后在地形低洼处以泉的形式排出地表或直接排入地表水体，如此反复循环过程就是地下水的径流过程。天然状态（除了某些盆地外）和开采状态下的地下水都是流动的。

影响地下水径流的方向、速度、类型、径流量的主要因素有：含水层的空隙特性、地下水的埋藏条件、补给量、地形状况、地下水的化学成分、人类活动等。

### 3. 地下水排泄

含水层失去水量的作用过程称为地下的排泄。在排泄过程中，地下水水量、水质及水位都会随之发生变化。

地下水通过泉（点状排泄）、向河流泄流（线状排泄）及蒸发（面状排泄）等形式向外界排泄。此外，一个含水层中的水可向另一个含水层排泄，也可以由人工进行排泄，如用井开发地下水，或用钻孔、渠道排泄地下水等。人工开采是地下水排泄的最主要途

径之一。当过量开采地下水，使地下水排泄量远大于补给量时，地下水的均衡就遭到破坏，造成地下水水位长期下降。只有合理开采地下水，即开采量小于或等于地下水总补给量与总排泄量之差时，才能保证地下水的动态平衡，使地下水一直处于良性循环状态。

在地下水的排泄方式中，蒸发排泄仅耗失水量，盐分仍留在地下水中。其他类型的排泄属于径流排泄，盐分随水分同时排走。

地下水的循环可以促使地下水与地表水的相互转化。天然状态下的河流在枯水期的水位低于地下水位，河道成为地下水排泄通道，地下水转化成地表水；在洪水期的水位高于地下水位，河道中的地表水渗入地下补给地下水。平原区浅层地下水通过蒸发并入大气，再降水形成地表水，并渗入地下形成地下水。在人类活动影响下，这种转化往往会更加频繁和深入从多年平均来看，地下水循环具有较强调节能力，存在着一排一补的周期变化。只要不超量开采地下水，在枯水年可以允许地下水有较大幅度的下降，待到丰水年地下水可得到补充，恢复到原来的平衡状态。这体现了地下水资源的可恢复性。

# 第三节　水循环

## 一、水循环的概念

水循环是指各种水体受太阳能的作用，不断地进行相互转换和周期性的循环过程。水循环一般包括降水、径流、蒸发三个阶段。降水包括雨、雪、雾、雹等形式；径流是指沿地面和地下流动着的水流，包括地面径流和地下径流；蒸发包括水面蒸发、植物蒸腾、土壤蒸发等。

自然界水循环的发生和形成应具有三方面的主要作用因素：一是水的相变特性和气液相的流动性决定了水分空间循环的可能性；二是地球引力和太阳辐射热对水的重力和热力效应是水循环发生的原动力；三是大气流动方式、方向和强度，如水汽流的传输、降水的分布及其特征、地表水流的下渗及地表和地下水径流的特征等。这些因素的综合作用，形成了自然界错综复杂、气象万千的水文现象和水循环过程。

在各种自然因素的作用下，自然界的水循环主要通过以下几种方式进行：

（一）蒸发作用

在太阳热力的作用下，各种自然水体及土壤和生物体中的水分产生汽化进入大气层中的过程统称为蒸发作用，它是海陆循环和陆地淡水形成的主要途径。海洋水的蒸发作用为陆地降水的源泉。

（二）水汽流动

太阳热力作用的变化将产生大区域的空气动风，风的作用和大气层中水汽压力的差异，是水汽流动的两个主要动力。湿润的海风将海水蒸发形成的水分源源不断地运往大陆，是自然水分大循环的关键环节。

（三）凝结与降水过程

大气中的水汽在水分增加或温度降低时将逐步达到饱和，之后便以大气中的各种颗粒物质或尘粒为凝结核而产生凝结作用，以雹、雾、霜、雪、雨、露等各种形式的水团降落地表而形成降水。

（四）地表径流、水的下渗及地下径流

降水过程中，除了降水的蒸散作用外，降水的一部分渗入岩土层中形成各种类型的地下水，参与地下径流过程，另一部分来不及入渗，从而形成地表径流。陆地径流在重力作用下不断向低处汇流，最终复归大海完成水的一个大循环过程。在自然界复杂多变的气候、地形、水文、地质、生物及人类活动等因素的综合影响下，水分的循环与转化过程是极其复杂的。

## 二、地球上的水循环

地球上的水储量只是在某一瞬间储存在地球上不同空间位置上水的体积，以此来衡量不同类型水体之间量的多少。在自然界中，水体并非静止不动，而是处在不断的运动过程中，不断地循环、交替与更新，因此，在衡量地球上水储量时，要注意其时空性和变动性。地球上水的循环体现为在太阳辐射能的作用下，从海洋及陆地的江、河、湖和土壤表面及植物叶面蒸发成水蒸气上升到空中，并随大气运行至各处，在水蒸气上升和运移过程中遇冷凝结而以降水的形式又回到陆地或水体。降到地面的水，除植物吸收和蒸发外，一部分渗入地表以下成为地下径流，另一部分沿地表流动成为地面径流，并通过江河流回大海。然后又继续蒸发、运移、凝结形成降水。这种水的蒸发—降水—径流的过程周而复始、不停地进行着。通常把自然界的这种运动称为自然界的水文循环。

自然界的水文循环，根据其循环途径分为大循环和小循环。

大循环是指水在大气圈、水圈、岩石圈之间的循环过程。具体表现为：海洋中的水蒸发到大气中以后，一部分飘移到大陆上空形成积云，然后以降水的形式降落到地面。降落到地面的水，其中一部分形成地表径流，通过江河汇入海洋；另一部分则渗入地下形成地下水，又以地下径流或泉流的形式慢慢地注入江河或海洋。

小循环是指陆地或者海洋本身的水单独进行循环的过程。陆地上的水，通过蒸发作用（包括江、河、湖、水库等水面蒸发、潜水蒸发、陆面蒸发及植物蒸腾等）上升到大气中形成积云，然后以降水的形式降落到陆地表面形成径流。海洋本身的水循环主要是海水通过蒸发形成水蒸气而上升，然后再以降水的方式降落到海洋中。

水循环是地球上最主要的物质循环之一。通过形态的变化，水在地球上起到输送热量和调节气候的作用，对于地球环境的形成、演化和人类生存都有着重大的作用与影响。水的不断循环和更新为淡水资源的不断再生提供条件，为人类和生物的生存提供基本的物质基础。参与全球水循环的水量中，地球海洋部分的比例大于地球陆地部分，且海洋部分的蒸发量大于降雨量。

参与循环的水，无论从地球表面到大气、从海洋到陆地或从陆地到海洋，都在经常不断地更替和净化自身。地球上各类水体由于其储存条件的差异，更替周期具有很大的差别。

所谓更替周期是指在补给停止的条件下，各类水从水体中排干所需要的时间。

冰川、深层地下水和海洋水的更替周期很长，一般都在千年以上。河水更替周期较短平均为 16d 左右。在各种水体中，以大水、河川水和土壤水最为活跃。因此在开发利用水资源过程中，应该充分考虑不同水体的更替周期和活跃程度，合理开发，以防止由于更替周期长或补给不及时，造成水资源的枯竭。

自然界的水文循环除受到太阳辐射能作用，从大循环或小循环方式不停运动之外，由于人类生产与生活活动的作用与影响不同程度地发生“人为水循环”。可以发现，自然界的水循环在叠加人为循环后，是十分复杂的循环过程。

自然界水循环的径流部分除主要参与自然界的循环外，还参与人为水循环。水资源的人为循环过程中不能复原水与回归水之间的比例关系，以及回归水的水质状况局部改变了自然界水循环的途径与强度，使其径流条件局部发生重大或根本性改变，主要表现在对径流量和径流水质的改变。回归水（包括工业生产与生活污水处理排放、农田灌溉回归）的质量状况直接或间接对水循环水质产生影响，如区域河流与地下水污染。人为

循环对水量的影响尤为突出，河流、湖泊来水量大幅度减少，甚至干涸，地下水水位大面积下降，径流条件发生重大改变。不可复原水量所占比例越大，对自然水文循环的扰动越剧烈，天然径流量的降低将十分显著，引起一系列的环境与生态灾害。

## 三、我国水循环途径

我国地处西伯利亚干冷气团和太平洋暖湿气团进退交锋地区，一年内水汽输送和降水量的变化主要取决于太平洋暖湿气团进退的早晚和西伯利亚干冷气团强弱的变化，以及 7—8 月间太平洋西部的台风情况。

我国的水汽主要来自东南海洋，并向西北方向移运，首先在东南沿海地区形成较多的降水，越向西北，水汽量越少。来自西南方向的水汽输入也是我国水汽的重要来源，主要是由于印度洋的大量水汽随着西南季风进入我国西南，因而引起降水，但由于崇山峻岭阻隔，水汽不能深入内陆腹地。西北边疆地区，水汽来源于西风环流带来的大西洋水汽。此外，北冰洋的水汽，借强盛的北风，经西伯利亚、蒙古进入我国西北，因风力较大而稳定，有时甚至可直接通过两湖盆地而达珠江三角洲，但所含水汽量少，引起的降水量并不多。我国东北方的鄂霍茨克海的水汽随东北风来到东北地区，对该地区降水起着相当大的作用。

综上所述，我国水汽主要从东南和西南方向输入，水汽输出口主要是东部沿海，输入的水汽，在一定条件下凝结、降水成为径流。其中大部分经东北的黑龙江、图们江、绥芬河、鸭绿江、辽河，华北的滦河、海河、黄河，中部的长江、淮河，东南沿海的钱塘江、闽江，华南的珠江，西南的元江、澜沧江及中国台湾省各河注入太平洋；少部分经怒江、雅鲁藏布江等流入印度洋；还有很少一部分经额尔齐斯河注入北冰洋。

一个地区的河流，其径流量的大小及其变化取决于所在的地理位置，及水循环线中外来水汽输送量的大小和季节变化，也受当地水汽蒸发多少的控制。因此，要认识一条河流的径流情势，不仅要研究本地区的气候及自然理条件，也要研究它在大区域内水分循环途径中所处的地位。

# 第二章　水资源保护的基本内容

## 第一节　水体污染与水质模型

### 一、水体污染

（一）天然水的污染及主要污染物

#### 1．水体污染

水污染主要是由于人类排放的各种外源性物质进入水体后，导致其化学、物理、生物或者放射性等方面特性的改变，超出了水体本身自净作用所能承受的范围，造成水质恶化的现象。

#### 2．污染源

造成水体污染的因素是多方面的，如向水体排放未经妥善处理的城市污水和工业废水，施用化肥、农药及城市地面的污染物被水冲刷而进入水体，随大气扩散的有毒物质通过重力沉降或降水过程而进入水体，等等。

按照污染源的成因进行分类，可以分为自然污染源和人为污染源两类。自然污染源是因自然因素引起的污染，如某些特殊地质条件（特殊矿藏、地热等）、火山爆发等。由于现在人们还无法完全对许多自然现象实行强有力的控制，因此也很难控制自然污染源。人为污染源是指由于人类活动所形成的污染源，包括工业、农业和生活等所产生的污染源。人为污染源是可以控制的，但是不加控制的人为污染源对水体的污染远比自然污染源所引起的水体污染程度严重。人为污染源产生的污染频率高、污染的数量大、污染的种类多、污染的危害深，是造成水环境污染的主要因素。

按污染源的存在形态进行分类，可分为点源污染和面源污染。点源污染是以点状形式排放而使水体造成污染，如工业生产废水和城市生活污水。它的特点是排污经常，污染物量多且成分复杂，依据工业生产废水和城市生活污水的排放规律，具有季节性和随机性，它的量可以直接测定或者定量化，其影响可以直接评价。而面源污染则是以面积形式分布和排放污染物造成的水体污染，如城市地面、农田、林田等。面源污染的排放是以扩散方式进行的，时断时续，并与气象因素有联系，其排放量不易调查清楚。

### 3. 天然水体中的主要污染物

天然水体中的污染物质成分极为复杂，从化学角度分为四大类：①无机无毒物：酸、碱、一般无机盐、氮、磷等植物营养物质。②无机有毒物：重金属、砷、氰化物、氟化物等。③有机无毒物：碳水化合物、脂肪、蛋白质等。④有机有毒物：苯酚、多环芳烃、PCB、有机蚕农药等。天然水体中的污染物从环境科学角度可以分为耗氧有机物、重金属、营养物质、有毒有机污染物、酸碱及一般无机盐类、病原微生物放射性物质、热污染等。

（1）耗氧有机物

生活污水，牲畜饲料及污水和造纸、制革、奶制品等工业废水中含有大量的碳水化合物、蛋白质、脂肪、木质素等有机物，它们属于无毒有机物。但是如果不经处理直接排入自然水体中，经过微生物的生化作用，最终分解为二氧化碳和水等简单的无机物。在有机物的微生物降解过程中，会消耗水体中大量的溶解氧，使水中溶解氧浓度下降。当水中的溶解氧被耗尽时，会导致水体中的鱼类及其他需氧生物因缺氧而死亡，同时在水中厌氧微生物的作用下，会产生有害的物质，如甲烷、氨和硫化氢等，使水体发臭变黑。一般采用下面几个参数来表示有机物的相对浓度。

生物化学需氧量（BOD）：指水中有机物经微生物分解所需的氧量，用 BOD 来表示，其测定结果用 mg/L 表示。因为微生物的活动与温度有关，一般以 20℃作为测定的标准温度。当温度为 20℃时，一般生活污水的有机物需要 20 天左右才能基本完成氧化分解过程，但这在实际工作中是有困难的，通常都以 5 天作为测定生化需氧量的标准时间，简称五日生化需氧量，用 BOD5 来表示。

化学需氧量（COD）：指用化学氧化剂氧化水中的还原性物质，消耗的氧化剂的量折换成氧当量（mg/L），用 COD 表示。COD 越高，表示污水中还原性有机物越多。

总需氧量（TOD）：指在高温下燃烧有机物所耗去的氧量（mg/L），用 TOD 表示。一般用仪器测定，可在几分钟内完成。

总有机碳（TOC）：用 TOC 表示。通常是将水样在高温下燃烧，使有机碳氧化成 $CO_2$，然后测量所产生的 $CO_2$ 的量，进而计算污水中有机碳的数量。一般都用仪器测定，

速度很快。

（2）重金属污染物

矿石与水体的相互作用及采矿、冶炼、电镀等，工业废水的泄漏会使得水体中有一定量的重金属物质，如汞、铅、铜、锌、镉等。这些重金属物质在水中达到很低的浓度就会产生危害，这是由于它们在水体中不能被微生物降解，而只能发生各种形态相互转化和迁移。重金属物质除被悬浮物带走外，都会由于沉淀作用和吸附作用而富集于水体的底泥中，成为长期的次生污染源；同时，水中氯离子、硫酸离子、氢氧离子、腐殖质等无机和有机配位体会与其生成络合物或螯合物，导致重金属有更大的水溶解度而从底泥中重新释放出来。人类如果长期饮用及食用重金属污染的水，农作物、鱼类、贝类、有害重金属为人体所摄取，积累于体内，对身体健康产生不良影响，致病甚至危害生命。例如，金属汞中毒所引起的水俣病。20 世纪 50 年代日本一家氮肥公司排放的废水中含有汞，这些废水排入海湾后经过生物的转化，形成甲基汞，经过海水、底泥和鱼类的富集，又经过食物链使人中毒，中毒后产生发疯痉挛症状。人长期饮用被镉污染的河水或者食用含镉河水浇灌生产的稻谷，就会得“骨痛病”。患者骨骼严重畸形、剧痛，身长缩短，骨脆易折。

（3）植物营养物质

营养性污染物是指水体中含有的可被水体中微型藻类吸收利用并可能造成水体中藻类大量繁殖的植物营养元素，通常是指含有氮元素和磷元素的化合物。

（4）有毒有机物

有毒有机污染物指由多环芳烃和各种人工合成的具有积累性生物毒性的物质，如多氯农药、有机氯化物等持久性有机毒物及石油类污染物质等。

（5）酸碱及一般无机盐类

这类污染物主要是使水体 pH 值发生变化，抑制细菌及微生物的生长，降低水体自净能力。同时，增加水中无机盐类和水的硬度，给工业和生活用水带来不利因素，也会引起土壤盐渍化。

酸性物质主要来自酸雨和工厂酸洗水、硫酸、黏胶纤维、酸法造纸厂等产生的酸性工业废水。碱性物质主要来自造纸、化纤、炼油、皮革等工业废水。酸碱污染不仅可以腐蚀船舶和水上构筑物，而且还会改变水生生物的生活条件，影响水的用途，增加工业用水处理费用等。含盐的水在公共用水及配水管内留下水垢，增加水流的阻力和降低水管的过水能力，水将影响纺织工业的染色、啤酒酿造及食品罐头产品的质量。碳酸盐硬度容易产生锅垢，因而降低锅炉效率。酸性和碱性物质会影响水处理过程中絮体的形成，降低水处理效果。长期灌溉 pH 值＞ 9 的水，会使蔬菜死亡。可见水体中的酸性、碱性及盐类含量过高会给人类的生产和生活带来危害。但水体中盐类是人体不可缺少的成分，对于维持细胞的渗透压和调节人体的活动起到重要意义，同时，适量的盐类亦会改善水体的口感。

（6）病原微生物污染物

病原微生物污染物主要是指病毒、病菌、寄生虫等，主要来源于制革厂、生物制品厂、洗毛厂、屠宰厂、医疗单位及城市生活污水等。危害主要表现为传播疾病：病菌可引起痢疾、伤寒、霍乱等；病毒可引起病毒性肝炎、小儿麻痹等；寄生虫可引起血吸虫病、钩端旋体病等。

（7）放射性污染物

放射性污染物是指由于人类活动排放的放射性物质。随着核能、核素等在诸多领域中的应用，放射性废物的排放量在不断增加，已对环境和人类构成严重威胁。自然界中本身就存在着微量的放射性物质。天然放射性核素分为两大类：一类由宇宙射线的粒子与大气中的物质相互作用产生，如 14C（碳）、3H（氚）等；另一类是地球在形成过程中存在的核素及其衰变产物，如 238U（铀）、40K（钾）、87Rb（铷）等。天然放射性物质在自然界中分布很广，存在于矿石、土壤、天然水、大气及动植物所有组织中。一般认为，天然放射性本底基本上不会影响人体和动物的健康。

人为放射性物质主要来源于核试验、核爆炸的沉降物，核工业放射性核素废物的排放，医疗、机械、科研等单位在应用放射性同位素时排放的含放射性物质的粉尘、废水和废弃物，以及意外事故造成的环境污染等。人们对于放射性的危害既熟悉又陌生，它通常是与威力无比的原子弹、氢弹的爆炸联系在一起的，随着全世界和平利用核能呼声的高涨，核武器的禁止使用，核试验已大大减少，人们似乎已经远离放射性危害。然而近年来，随着放射性同位素及射线装置在工农业、医疗、科研等各个领域的广泛应用，放射线危害的可能性却在增大。

环境放射性污染物通过牧草、饲草和饮水等途径进入家禽体内，并蓄积于组织器官中。放射性物质能够直接或者间接地破坏机体内某些大分子，如脱氧核糖核酸、核糖核酸、蛋白质分子及一些重要的酶结构。结果使这些分子的共价键断裂，也可能将它们打成碎片。放射性物质辐射还能够产生远期的危害效应，包括辐射致癌、白血病、白内障、寿命缩

短等方面的损害及遗传效应等。

（8）热污染

水体热污染主要来源于工矿企业向江河排放的冷却水，其中以电力工业为主，其次是冶金、化工、石油、造纸、建材和机械等工业。热污染主要的影响是：使水体中溶解氧减少，提高某些有毒物质的毒性，抑制鱼类的繁殖，破坏水生生态环境，进而引起水质恶化。

（二）水体自净

污染物随污水排入水体后，经过物理、化学与生物的作用，使污染物的浓度降低，受污染的水体部分地或完全地恢复到受污染前的状态，这种现象称为水体自净。

### 1．水体自净作用

水体自净过程非常复杂，按其机理可分为物理净化作用、化学及物理化学净化作用和生物净化作用。水体的自净过程是三种净化过程的综合，其中以生物净化过程为主。水体的地形和水文条件、水中微生物的种类和数量、水温和溶解氧的浓度、污染物的性质和浓度都会影响水体自净过程。

（1）物理净化作用，是指水体中的污染物质由于稀释、扩散、挥发、沉淀等物理作用而使水体污染物质浓度降低的过程。其中，稀释作用是一项重要的物理净化过程。

（2）化学及物理化学作用，是指水体中污染物通过氧化、还原、吸附酸碱中和等反应而使其浓度降低的过程。

（3）生物净化作用，是指由于水生生物的活动，特别是微生物对有机物的代谢作用，使得污染物的浓度降低的过程。

影响水体自净能力的主要因素有污染物的种类和浓度、溶解氧、水温、流速、流量、水生生物等。当排放到水体中的污染物浓度不高时，水体能够通过水体自净功能使水体的水质部分完全恢复到受污染前的状态。但是当排入水体的污染物的量很大时，在没有外界干涉的情况下，有机物的分解会造成水体严重缺氧，形成厌氧条件，在有机物的厌氧分解过程中会产生硫化氢等有毒臭气。水中溶解氧是维持水生生物生存和净化能力的基本条件，往往也是衡量水体自净能力的主要指标。水温影响水中饱和溶解氧浓度和污染物的降解速率。水体的流量、流速等水文水力学条件，直接影响水体的稀释、扩散能力和水体复氧能力。水体中的生物种类和数量与水体自净能力关系密切，同时也反映了水体污染自净的程度和变化趋势。

### 2. 水环境容量

水环境容量是指在不影响水的正常用途的情况下，水体所能容纳污染物的最大负荷量，因此又称为水体负荷量或纳污能力。水环境容量是制定地方性、专业性水域排放标准的依据之一，环境管理部门还利用它确定在固定水域到底允许排入多少污染物。水环境容量由两部分组成：一是稀释容量，也称差值容量；二是自净容量，也称同化容量。稀释容量是由于水的稀释作用所致，水量起决定作用；自净容量是水的各种自净作用综合的去污容量。对于水环境容量，水体的运动特性和污染物的排放方式起决定作用。

## 二、水质模型

### （一）水质模型的发展

水质模型是根据物质守恒原理，用数学的语言和方法描述参加水循环的水体中水质组成成分所发生的物理、化学、生物化学和生态学等诸方面的变化、内在规律和相互关系的数学模型。它是水环境污染治理、规划决策分析的重要工具，对现有模型的研究是改良其功效、设计新型模型所必需的；为水环境规划治理提供更科学、更有效决策的基础；是设计出更完善、更能适应复杂水环境预测评价模型的依据。

自 20 世纪 20 年代建立的第一个研究水体 BOD–DO 变化规律的 Streeter–Phelps 水质模型以来，水质模型的研究内容和方法不断改进与完善。在对水体的研究上，从河流、河口到湖泊水库、海湾；在数学模型空间分布特性上，从零维、一维发展到二维、三维；在水质模型的数学特性上，由确定性发展为随机模型；在水质指标上，从比较简单的生物需氧量和溶解氧两个指标发展到复杂多指标模型。其发展历程可以分为以下三个阶段。

第一阶段：20 世纪 20 年代中期到 70 年代初期。这个阶段是地表水质模型发展的初级阶段，该阶段模型是简单的氧平衡模型，主要集中于对氧平衡的研究，也涉及一些非耗氧物质，属于一维稳态模型。

第二阶段：20 世纪 70 年代初期到 80 年代中期。这个阶段是地表水质模型的迅速发展阶段。随着对污染物水环境行为的深入研究，传统的氧平衡模型已不能满足实际工作的需要，描述同一个污染物由于在水体中存在状态和化学行为的不同而表现出完全不同的环境行为和生态效应的形态模型出现。由于复杂的物理、化学和生物过程，释放到环境中的污染物在大气、水、土壤和植被等许多环境介质中进行分配，由污染物引起的可能的环境影响与它们在各种环境单元中的浓度水平和停留时间密切相关。为了综合描述它们之间的相互关系，产生了多介质环境综合生态模型。同时，由一维稳态模型发展到

多维动态模型，水质模型更接近于实际。

第三阶段：20 世纪 80 年代中期至今。这个阶段是水质模型研究的深化、完善与广泛应用阶段，科学家的注意力主要集中在改善模型的可靠性和评价能力的研究。该阶段模型的主要特点是，考虑水质模型与面源模型的对接，并采用多种新技术方法，如随机数学、模糊数学、人工神经网络、专家系统等。

（二）水质模型的分类

自第一个水质数学模型 Streetcr-Phelps 模型应用于环境问题的研究以来，科学家已研究了各种类型的水体并提出了许多类型的水质模型，用于河流、河口、水库及湖泊的水质预报和管理。根据其用途、性质及系统工程的观点，大致有以下几种分类：

### 1. 根据水体类型进行分类

以管理和规划为目的，水质模型可分为三类，即河流的、河口的（包括潮汐的和非潮汐的）和湖泊（水库）的水质模型。河流的水质模型比较成熟，研究得亦比较深，而且能较真实地描述水质行为，所以用得较普遍。

### 2. 根据水质组分进行分类

根据水质组分划分，水质模型可以分为单一组分的、耦合的和多重组分的三类。其中，BOD-DO 耦合水质模型是能够比较成功地描述受有机物污染河流的水质变化的。多重组分水质模型比较复杂，它考虑的水质因素比较多，如综合的水生生态模型。

### 3. 根据系统工程观点进行分类

从系统工程的观点出发，可以分为稳态和非稳态水质模型。这两类水质模型的不同之处在于水力学条件和排放条件是否随时间变化，不随时间变化的称为稳态水质模型，反之称为非稳态水质模型。对于这两类模型，科学研究工作者主要研究河流水质模型的边界条件，即在什么条件下水质处于较好的状态。稳态水质模型可用于模拟水质的物理、化学、生物和水力学的过程，而非稳态模型可用于计算径流、暴雨等过程，即描述水质的瞬时变化。

### 4. 根据所描述数学方程的解进行分类

根据所描述的数学方程的解，水质模型有准理论模型和随机水质模型。以宏观的角度来看，准理论模型用于研究湖泊、河流及河口的水质，这些模型考虑了系统内部的物理、化学、生物过程及流体边界的物质和能量的交换。用随机模型来描述河流中物质的行为是非常困难的，因为河流水体中各种变量必须根据可能的分布，而不是根据它们的平均值或期望值来确定。

### 5. 根据反应动力学性质进行分类

根据反应动力学性质，水质模型分为纯化学反应模型、迁移和反应动力学模型、生态模型。其中，生态模型是一个综合的模型，它不仅包括化学、生物的过程，而且也包括水质迁移及各种水质因素的变化过程。

### 6. 根据模型性质进行分类

根据模型的性质，可以分为黑箱模型、白箱模型和灰箱模型。黑箱模型由系统的输入直接计算出输出，对污染物在水体中的变化一无所知；白箱模型对系统的过程和变化机制有完全透彻的了解；灰箱模型界于黑箱模型与白箱模型之间，目前所建立的水质数学模型基本上都属于灰箱模型。

## （三）水质模型的应用

水质模型之所以受到科学工作者的高度重视，除了其应用范围广外，还因为在某些情况下它起着重要作用。例如，新建一个工业区，为了评估它产生的污水对受纳水体所产生的影响，用水质模型来进行评价就至关重要，以下将对水质模型的应用进行简要评述。

### 1. 污染物水环境行为的模拟和预测

污染物进入水环境后，由于物理、化学和生物作用的综合效应，其行为的变化是十分复杂的，很难直接认识它们。这就需要用水质模型（水环境数学模型）对污染物水环境的行为进行模拟和预测，以便给出全面而清晰的变化规律及发展趋势。用模型的方法进行模拟和预测既经济又省时，是水环境质量管理科学决策的有效手段。但由于模型本身的局限性及对污染物水环境行为认识的不确定性，计算结果与实际测量之间往往有较大的误差，所以模型的模拟和预测只是给出了相对变化值及其趋势。对于这一点，水质管理决策者们应特别注意。

### 2. 水质管理规划

水质规划是环境工程与系统工程相结合的产物，它的核心部分是水环境数学模型。确定允许排放量等水质管理规划，常用的是氧平衡类型的数学模型。求解污染物去除率的最佳组合，关键是目标函数的线性化。而流域的水质规划是区域范围的水资源管理，是一个动态过程，必须考虑三个方面的问题：首先，水资源利用利益之间的矛盾；其次，水文随机现象使天然系统动态行为（生活、工业、灌溉、废水处置、自然保护）预测复杂化；最后，技术、社会和经济的约束。为了解决这些问题，可将一般水环境数学模

型与最优化模型相结合，形成所谓的水质管理模型。

### 3．水质评价

水质评价是水质规划的基本程序。根据不同的目标，水质模型可用来对河流、湖泊（水库）、河口、海洋和地下水等水环境的质量进行评价。现在的水质评价不仅给出水体对各种不同使用功能的质量，而且还会给出水环境对污染物的同化能力，以及污染物在水环境浓度和总量的时空分布。水污染评价已由传统的点源污染转向非点源污染，这就需要用农业非点源污染评价模型来评价水环境中营养物质和沉积物及其他污染物，如利用贝叶斯概念和组合神经网络来预测集水流域的径流量。研究的对象也由过去的污染物扩展到现在的有害物质在水环境的积累、迁移和归宿。

### 4．污染物对水环境及人体的暴露分析

由于许多复杂的物理、化学和生物作用以及迁移过程，在多介质环境中运动的污染物会对人体或其他受体产生潜在的毒性暴露，因此出现了用水质模型进行污染物对水环境，即人体的暴露分析。目前，已有许多学者对此展开了研究，但许多研究都是在实验室条件下的模拟，研究对象也比较单一，并且范围也不广泛，如何才能够建立经济有效的、针对多种生物体的、综合的暴露分析模型，还有待环境科学工作者们探索。

### 5．水质监测网络的设计

水质监测数据是进行水环境研究和科学管理的基础，对于一条河流或一个水系，准确的监测网站设置的原则应当是：在最低限量监测断面和采样点的前提下，获得最大限量的具有代表性的水环境质量信息，既经济，又合理、省时。对于河流或水系的取样点的最新研究，采用了地理信息系统和模拟的退火算法等来优化选择河流采样点。

## 第二节　水环境情况调查和分析

### 一、水环境调查内容

（一）水体自然情况调查

### 1．自然地理状况

（1）地理位置

水域所处的经纬度，所属的省、市、行政区，两岸或四周区域的主要城镇和交通干线。

（2）地质、地貌概况

流域内的地质构造、地貌特征和类型（如平原、山地和丘陵等），以及矿产的种类和分布等。

（3）气候状况

流域内的气温（包括平均、最高和最低气温）、降雨量和降雨强度、风速、风向、空气湿度、日照时数、气压、主要灾害性气候等。

### 2．生态环境状况

（1）土壤条件

流域内的土壤类型、肥力状况等，水土流失与面积状况。

（2）植被状况

流域内植被覆盖程度，主要农作物、野生动植物、水生生物的分布及自然保护区情况和保护要求。

### 3．水域状况

（1）水域特征

江河的长度，断面面积，水面宽度（平均、最大与最小值），河流纵剖面图，等深线图，水位及水深（平均水深和最大水深等），河流比降，水文站分布状况等。湖库水面积、宽度、长度、深度及容积曲线或等深线图，湖库水文站的位置，等等。

（2）水文特征

江河各代表性断面不同，水文时期的流速、流量，断面的流速分布，河流封冻和解冻日期及汛期出现时间等也不相同。感潮河流的潮周期、憩流出现时间、不同潮期潮头到达距离，河网水系的主要流向，河流含沙量及粒径等。湖库的水位（平均、最高和最低值）、容积（平均、最大和最小值），风浪的高度（平均、最大和最小值）、波长、水面盛行风向，湖库流向、流速及其分布状况。湖库水面蒸发量的均值和年内分布，水量的流出、流入情况（出入湖库河流的流速、流量和泥沙特征值）及其储量的变化等。

## （二）污染源调查

### 1．自然污染源

自然污染源，指自然界化学异常地区存在的某些对江、河、湖、库水域环境质量产生危害和不良影响的物质（或能量）源地。在调查中，主要查明该水域范围内含有害物质（如

氟化钠等）过高的矿泉、天然放射性源、自然污染源的位置，地下水退水过程中的不良物质（如硫酸根、氯根及其化合物等）自然污染的区域，同时测定污染物质的种类和数量。

### 2．人为污染源

人为污染源，指人类的生活和生产活动向江、河、湖、库水域排放污染物质的源地。污染物质进入水域的形式，可分为点污染源、面污染源和流动污染源三种类型。人为污染源的调查是控制水体污染、保护水资源的重要环节。它的目的是掌握污染源排放的废污水量及其中所含污染物质的各种特性，找出其时空变化规律。污染源调查所涉及的主要内容包括：污染源所在地周围的环境状况；排污单位生产、生活活动与污染源排污量的关系；污染治理状况；废污水量及其所含污染物量；废污水排放方式与去向；纳污水体的水文水质状况及其功能；污染危害及今后发展趋势；等等。

（1）点污染源

指该水域沿岸或汇入该水域的支流沿岸各类工矿企业等排污点。点污染源应调查的主要项目有：排污口的地理位置及分布；污水量及其所含污染物的种类，浓度或各种污染物的绝对数量；排污方式；排放规律；是稳定排放还是非稳定排放；是连续排放还是间断排放，以及间断的时间、次数等；排污对水环境质量的影响；等等。

（2）面污染源

指江、河、湖、库流域的地表径流（包括牧场和森林区）、地下水退水、农田灌溉尾水、矿区排出的地下水、尾矿淋溶径流、大气降水，村镇居民排出的生活污水等分散的产污源地。面污染源应调查的主要项目有：水体所在流域内地表径流的数量及地表径流带入水体内污染物的种类和数量；水体水面大气降水的数量及经大气降水（包括降尘）带入水域内污染物的种类和数量；水域内化肥、农药使用情况及农田灌溉后排出水的数量及所含污染物的种类、浓度；水域内地下水流入水体的数量及挟带污染物的种类和浓度；水域内的村镇等居民状况及直接或间接排入水体的人、畜用水的数量及携带污染物的种类和浓度。调查的方法一般采用普查法、现场调查法、经验估算法及物料平衡法。

（3）流动污染源

指江、河、湖、库中来往船只、沿岸公路来往车辆排出污染物进入水域的源地。流动污染源主要调查该水域中来往船只的数量（或吨位）、沿岸公路的车流量、测定排放污染物的种类（如石油类、有机物、重金属等）和数量。

## 二、水环境容量计算

### （一）水环境容量理论

水环境容量指水环境使用功能不受破坏条件下，受纳污染物的最大数量，通常将在给定水域范围、给定水质标准、给定设计的条件下，水域的最大容许纳污量拟作水环境容量。

水环境容量由稀释容量与自净容量两部分组成，分别反映污染物在环境中迁移转化的物理稀释与自然净化过程的作用。只要有稀释水量，就存在稀释容量；只要有综合衰减系数，就存在自净容量。通常稀释容量大于自净容量，对净污比大于 10 ～ 20 倍的水体，仅可计算稀释容量。自净容量中设计流量的作用大于综合衰减系数，利用常规监测资料估算综合衰减系数，相当于加乘安全系数的处理方法，精度能满足管理要求。水环境容量包括以下两层含义：

（1）当污染物质进入水体后，在水流作用下掺混、稀释、转移、扩散。与此同时，某些污染物在物理、化学、生物反应与作用过程中发生降解、消减，使污染物质浓度有所降低。

（2）水用户对水质要求各不相同，比如饮用水、工业用水和灌溉用水对水体中外来物质种类，数量的限制有很大的差异。只有当水体中外来物质危及某一用途时，才称为水污染，如富营养化对城市内湖水环境危害很大，而对贫瘠土地的灌溉，却是肥料资源。

### （二）水环境容量计算方法

由于污染物进入水环境之后，受稀释、迁移和同化作用，因此水环境容量实际上由三部分组成，其表达式如下：

$$W_T = W_d + W_t + W_s \tag{2-1}$$

在式（2-1）中：

$W_T$——水环境对污染物的总容量。

$W_d$——水环境对污染物的稀释容量。

$W_t$——水环境对污染物的迁移容量。

$W_s$——水环境对污染物的净化容量。

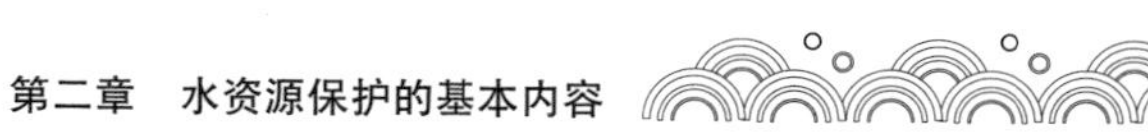

## 1．稀释容量

水环境对污染物的稀释容量是由水体对污染物稀释作用所引起的，它与体积和污径比有关。

设河流流量为$Q$（m³/s），污染物在河水中的背景浓度为$C_n$（mg/L），水功能区水质目标值为$C_s$（mg/L），排入河水的污水流量为$q$（m³/s），则水环境对该污染物的稀释容量可表达为：

$$W_d = Q\left(C_x - C_B\right)\left(1+\frac{q}{Q}\right)$$

（2-2）

令$V_d = Q, P_d = \left(C_a - C_B\right)\left(1+\frac{q}{Q}\right)$，则有：

$$W_d = V_d P_d$$

（2-3）

式中：

$V_d$——水流流量。

$P_d$——水环境对污染物稀释容量的比容。

## 2．迁移容量

水环境对污染物的迁移容量是由水体的流动引起的，它与流速、离散等水力学特征有关，其数学表达式为：

$$W_1 = Q\left(C_S - C_B\right)\left(1+\frac{q}{Q}\right)\left\{\frac{\sqrt{4\pi E_x t}}{u}\exp\left[\frac{(x-ut)^2}{4E_x t}\right]\right\}$$

（2-4）

式中：

$E_x$——离散系数。

$u$——流速。

$x$——距离。

$t$——时间。

令$V_1 = Q, P_t = \left(C_s - C_B\right)\left(1 + \frac{q}{Q}\right)\left\{\frac{\sqrt{4\pi E_x t}}{u}\exp\left[\frac{(x-ut)^2}{4E_x t}\right]\right\}$，则有：

$$W_t = V_t P_t$$

（2–5）

式中：

$V_t$——水流流量。

$P_t$——水环境对污染物迁移容量的比容。

### 3．净化容量

水环境对污染物的净化容量，主要是由于水体对污染物的生物或化学作用使之降解而产生的，所以净化容量是针对可衰减污染物而言的。假定这类污染物的衰减过程遵守一级动力学规律，则其反应速率$R$可写为：

$$R = -kC$$

（2–6）

式中：

$k$——反应速率常数，将它定义为污导，其大小反映污染物在水环境中被净化的能力。将污导$k$的倒数定义为污阻，用$\tau$表示，它能反映污染物被降解难易的程度。$\tau$越大，污染物在环境中停留的时间越长，水环境对它的容量越小。

$C$——污染物在水环境中的浓度，表示为水环境的污染负荷，将它定义为污压。反应速率$R$与$C$及$\tau$有关，它反映水环境对污染物自净的快慢程度，将它定义为污流。于是便有：

$$C = R\tau$$

（2–7）

若污压$C$不变，污阻越大，污流越小。

根据上述若干物理量，提出水环境对污染物净化容量的表达式如下：

$$W_t = Q\left(C_s - C_B\right)\left(1 + \frac{q}{Q}\right)\left[-\exp\left(\frac{x}{\tau u}\right) + 1\right]$$

（2–8）

式中：

$\tau$——污染物污阻。

其他符号意义同前。

令$V_x = Q, P_s = (C_s - C_B)\left(1+\frac{q}{Q}\right)\left[-\exp\left(\frac{x}{\tau u}\right)+1\right]$，则有：

$$W_x = V_s P_s$$

（2-9）

式中：

$V_s$——水流流量。

$P_s$——水环境对污染物净化容量的比容。

# 第三节　水环境质量监测与评价

## 一、水环境质量标准

### （一）水质标准的概念

水质标准是水环境质量标准的简称，是对水体中的污染物质及其排放源提出的限量值（及最高容许浓度）的技术规范。水是人类不可缺少的宝贵资源，它不仅是人类生存的重要物质基础，同时又广泛用于工业、农业、渔业、绿化及畜牧业生产等多种经济活动中。不同的用途对水有不同的水质要求，需要建立相应的物理、化学及生物学方面的水质标准保护已有水体的正常功能，也要对排入水体的污水及废水水质有一定的限制与要求。

水质标准在水环境保护方面有重要的作用。它为环境保护部门提出了水环境保护的工作目标；是衡量和评价水环境质量尺度与监督执法的主要依据；为产业、企业部门提出了水质现代化生产管理的条件与要求；为科研设计部门提出了水环境科技工作的要求和相应的技术规范。同时，水质标准亦是水质监测工作的依据。

（二）地表水环境质量标准

为了保障人体健康，维护生态平衡，保护水资源，控制水河、湖泊、水库的水污染，《地表水环境质量标准》的颁布与实施为地表水体环境质量的正确评价奠定了基础。

（三）地下水环境质量标准

根据我国地下水水质现状、人体健康基准值及地下水质量保护目标，并参照生活饮用水及工业用水水质要求，将地下水质量划分为以下五类：

Ⅰ类：主要反映地下水化学组分的天然低背景含量，适用于各种用途。

Ⅱ类：主要反映地下水化学组分的天然背景含量，适用于各种用途。

Ⅲ类：以人体健康基准值为依据，主要适用于集中式生活饮用水水源及工、农业用水。

Ⅳ类：以农业和工业用水要求为依据，除适用于农业和部分工业用水外，适当处理后可用于生活用水。

Ⅴ类：不宜饮用，其他用水可根据使用目的选用。

## 二、水环境质量监测

（一）水质监测的含义与作用

水质监测是水污染防治和水资源保护的基础，是实施水质管理的依据，是对代表水质各项指标数据的测定过程，一般选择采样技术、监测项目和方法，进行分析测试、数据处理和成果管理等。水质监测具有下列几方面的作用：

（1）提供代表水体质量现状的数据，用于评价水体质量。

（2）确定水体中污染物的时空分布状况，追溯污染物的来源、污染途径和消长规律，预测污染发展趋势。

（3）判断水污染对环境生态和人体造成的影响，评价污染防治措施的实际效果，为制定有关法规、水环境质量标准提供科学依据。

（4）为建立和验证污染模式（水质数学模式）提供依据。

（5）揭示新的水污染问题，探明污染原因，确定新的污染物质，为水资源和水环境保护研究指明方向。

（二）常用水质量监测方法

由于污染物来源复杂，组分含量差别很大，有的组分含量很低，所以对水质监测技术要求很高，几乎所有的分析方法在水质污染监测中都得到了应用。根据水质监测中使用方法原理的不同，可分为物理法、化学法、生物法等。

### 1. 物理法

通过测量各种物理量，包括时间、热、光、磁、放射性等，用以对水体中污染物或它的某些特征值进行监测。这里的测量手段除了传统的方法外，还包括遥感、激光等新方法。

### 2. 化学法

化学法指应用分析化学手段，采用光学、电化学、色谱等分析方法，对水体中污染物种类、含量及其分布状态进行监测测定。

### 3. 生物法

生物法就是利用不同生物对水污染产生的各种反应（群落变化、种群变化、畸形、变种等），判断水体污染的状况。生物法与上述物理、化学方法不同，生物监测可反映多种污染因子的综合效应及水体长期污染的结果。

在上述的三种方法中，物理法和化学法实际上是互相联系、互相渗透的，而生物法由于能综合反映污染效应，因而在一定程度上，弥补了物理法及化学法的不足。

（三）水质监测的工作内容

水质监测工作内容包括站网设置、测点选择与布设、采样、水样分析、数据处理及资料整编的全部过程。为保证监测资料和成果的科学性、系统性、代表性、可比性和可靠性，监测过程要严格按《水环境监测规范》的规定进行。在监测前，必须充分了解监测目的，并根据具体情况及要求，选择监测位置，布设适量采样点，确定采集样品的时间、次数和采样方法。此外，为使监测数据准确、可靠并具有可比性，应遵循统一的或标准的分析方法，并选用适当的保证分析质量的措施。

### 1. 监测项目

水质监测项目包括表征水质状况的各项物理、化学和卫生学指标，以及流速、流量、水深、风速、风向、气温、温度等水文气象指标。此外，还可借助水生生物（如浮游生物、鱼类、底栖生物、细菌）的种类和数量来判定水质状况。确定监测项目时，要根据被监测水体的实际情况和监测目的综合考虑。水质常规监测一般按规定项目进行，监测项目可分为必测项目与选测项目两类。对于一个监测系统来说，为了使资料完整、连续并具有可比性，必须对监测项目及分析方法统一要求。

### 2．分析方法

水质监测项目的分析方法通常按照国家标准局和环保局颁布的《标准分析方法》来确定。为保证监测数据的可比性，在采用规定方法以外的新分析方法时，应将新方法与标准方法进行对比。地表水和污水监测常用的分析方法可参照《水环境监测规范》规定进行。

## 三、水环境质量评价

水环境质量评价，简称水质评价。水质评价是根据水体用途，按照预定的评价目标，选择一定的评价参数、质量标准和评价方法，对水体的质量和利用价值进行定性或定量评定的过程。水质评价是水环境质量评价的一个方面，也是水资源保护工作的一个组成部分。对江、河、湖、库等水体水质评价的目的是，指出水体污染程度、主要污染物质及其来源、污染时段和位置及其发展趋势，以便为水资源保护工作提供决策依据。

水质评价参数通常可分为感官性因素，包括色、味、嗅、透明度、浑浊度、悬浮物、溶解物等；氧平衡因子类，包括溶解氧、化学耗氧量、生化需氧量等；营养盐因子类，如硝酸盐，氨盐和硫酸盐等；毒物因子类，包括挥发酸、氰化物、汞、砷、镉、铅等；微生物因子类，如大肠杆菌。在评价中应依据评价的目的、水体类型、具体水域的水质监测现状、环境特点及水质特征，选用不同参数来评价水资源质量。

### （一）水质评价标准

根据目的要求选择评价标准是水质评价的基本工作之一。随着社会经济的发展，我国已先后颁布了许多与水质有关的标准，如《生活饮用水卫生标准》《农田灌溉水质标准》《渔业水质标准》《地表水环境质量标准》《地下水质量标准》等。在评价时，要以国家标准为评价依据。如果标准未定，可参考当地环境背景值制定评价标准。

### 1．饮用水水质评价

饮用水的水质状况直接关系到人体健康，其安全与洁净显得尤为重要。在饮用水供水水源地勘察过程中及供水之前，从生理感觉、物理性质、溶解盐类含量、有毒成分及细菌成分等方面对地下水质进行全面评价是十分必要的。为此，各国针对各自不同的地理环境、人文环境及水资源状况制定了一系列符合各自用水环境的饮用水水质标准，目的是保证饮用水的安全性和可靠性。

### 2．工业用水水质标准

不同的工业生产对水质的要求各不相同，因此，在水资源保护过程中，应该在了解各种工业用途水质要求的基础上，有重点地布置水质采样点，明确水质分析内容，并对水质做出正确的评价。

不同的工业部门对水质的要求不同，其中，纺织、造纸及食品等工业对水质的要求较严。水的硬度过高，对生产肥皂、染料、酸、碱的工业不太适宜。硬水妨碍纺织品着色并使纤维变脆，皮革不坚固、糖类不结晶。如果水中有亚硝酸盐存在，会使糖制品大量减产。水中存在过量的铁、锰盐类时，能使纸张淀粉出现色斑，影响产品质量。食品工业水首先必须考虑符合饮用水标准，然后还要考虑影响生产质量的其他成分。

### 3．农田灌溉用水水质标准

灌溉用水的水质状况主要包括水温、水的总溶解固体及溶解的盐类成分。同时，由于人类活动的影响，水的污染状况尤其是水中的有毒有害物质的含量对农作物及土壤的影响也不可忽视。因此，在农业生产中，农作物生长所需的基本水量和水质保证是实现农业发展的关键。可见，农用水尤其是农业灌溉用水（占总需水量的 70% ～ 80%）在供水中占有十分重要的地位。农田灌溉用水水质评价成为水资源开发、利用和保护的重要内容。

为了保护农田土壤、地下水源（防止灌溉水入渗，尤其是污灌水入渗污染地下水水源），以及保证农民农产品质量，使农田灌溉用水的水质符合农作物的正常生产需要，促进农业生产，保障人民身体健康，我国颁布了《农田灌溉水质标准》，作为农田灌溉用水水质评价的依据。

（二）水质评价类型与基本步骤

### 1．水质评价分类

按水域用途，可分为饮用水评价、渔业用水评价、游览用水评价、工业用水评价、农业（灌溉）用水评价等。按评价参数的数量，可分为单项评价、多项评价和综合评价。按评价水域的特点，可分为河流评价、湖泊（水库）评价和河口评价等。

### 2．水环境评价的一般程序

以下仅对地表水环境质量评价的重要环节进行简要的说明。

（1）评价目的

包括评价的性质、要求及评价结果的作用，评价目的决定了评价范围，评价中需要考虑的水环境要素及评价模式、水质标准的选择。比如，如果是为了保护环境、改善水质进行水环境评价，则主要选择污染严重的江段（或水域）及对主要污染物进行评价；如果是为了新建项目可行性研究、掌握水环境容量进行评价，除了污染严重的江段及主要污染物外，还要增加拟建项目可能排出的污染物作为评价要素，评价范围也要考虑拟建项目下游一定长度的江段；如果是为了水资源开发利用进行评价，还要考虑水的用途。

（2）评价要素的确定

引起水体污染的物质种类繁多，通常不可能全部进行评价，一般只选择部分常见的或对水环境、水用户、水的用途影响较大的污染物质进行评价。水评价要素的选择一般应掌握下述原则。

根据评价水的用途进行选择，如果是饮用水源，评价参数偏重于卫生学指标及某些重金属指标；旅游水体则应偏重水色、嗅等感官性状指标；如果是流动性不大的湖泊，则必须考虑氮、磷等营养元素及叶绿素等指标；而灌溉用水一般不考虑氰、磷等营养物质。

选择评价要素时，应注意要素之间的可比性和要素的代表性，尽可能选取能反映水体污染特性的要素，同时考虑监测技术、监测条件，以及已经积累的可供利用的水质资料。评价要素不宜过多。

（3）评价模式与方法

水环境评价的模式很多，一般包括单因素分析和综合评价两大类。从评价目的出发，根据可供利用的资料和已具备的监测条件来选择评价方法，只要能够满足需要，尽可能选用简单、明了、实用的模式和方法。

# 第三章　地下水的规律与化学成分

## 第一节　地下水赋存规律

### 一、地球上的水及其循环

（一）自然界中水文循环

水文循环是大气水、地表水和地壳浅表地下水之间的水分交换。太阳辐射和重力是水文循环的一对驱动力。太阳辐射使液态水转换为气态，上升进入大气圈并随气流运移。在一定条件下，气态水凝结，在重力作用下落到地面，渗入地下，以地表径流和地下径流方式运移。

地表水及地下水，通过蒸发和植物蒸腾转换为气态水，进入大气。进入大气的水汽，随气团运移，在一定条件下形成降水。落到陆地的降水，部分渗入地下，部分在地表汇集为江河湖沼。渗入地下的水，部分滞留于包气带，部分转入饱水带。江河湖沼中的水及地下水，相互转换，其中部分转换为生物体中的水。最终，以腾发（蒸发及蒸腾）形式转入大气，或者以径流形式汇入海洋。落到海洋的降水，通过蒸发转换返回大气。

参与水文循环的各种水，交替更新速度差别很大。大气水的循环再生周期仅 8 天，每年平均更换约 45 次。河水循环再生周期平均为 16 天，每年更新约 23 次。湖水循环再生周期平均为 17 天。海洋水循环再生周期为 2500 年。地下水的循环再生周期大于河湖水：土壤水为 1 年到数年；交替迅速的浅部地下水为数年，交替缓慢的深部地下水，从数百年到数万年不等。

水文循环对于保障生态环境及人类生存与发展至关重要。一方面，通过不断转换，水质得以持续净化；另一方面，通过不断循环再生，水量得到持续补充。

作为持续性供水水源，需要考虑的不是储存水量，而是可循环再生的淡水量。

海陆之间的水分交换称为大循环，海陆内部的水分交换称为小循环。增加陆地小循环的频率，以改善干旱地区的气候，是正在探索中的课题。

（二）自然界中地质循环

发生于大气圈到地幔之间的水分交换称为水的地质循环。

火山喷发及洋脊热液“烟囱”将水从地幔带到大气和海洋，地壳浅表的水通过板块俯冲带进入地幔，是最直观的水分地质循环。来自地幔的水称为初生水，据估计，每年溢出的初生水量约为 $2\times10^{8}$t。

另一种水分地质循环发生在成岩、变质和风化作用过程中。矿物中的水脱出，转化为自由水，称为再生水；自由水可转化为矿物结晶水或结构水。沉积成岩时，也将排出水，或埋存在沉积物中，后者称为埋藏水。

查明水的地质循环，有助于分析地壳浅表和深部各种地质作用，对于寻找矿产资源、预测大尺度环境变化和深部地质灾害等，均有重大意义。

## 二、岩土中赋存的水分

（一）岩石中的空隙

空隙是指岩石中没有被固体颗粒占据的空间。通常将空隙分为松散岩石中的孔隙、坚硬岩石中的裂隙和可溶岩石中的溶穴（溶隙），因此空隙是岩石中孔隙、溶隙（洞）和裂隙的总称，是地下水的储存场所和运移通道，即地下水得以储存和运动的空间所在。

### 1. 孔隙

孔隙是指组成松散岩石的物质颗粒或其集合体之间的空间。岩石孔隙的多少是影响储容地下水能力大小的重要因素。孔隙体积的多少可以用孔隙度来表示。孔隙度是指某一体积岩石（包括孔隙在内）中孔隙体积所占的比例。如果用 $n$ 来表示岩石的孔隙度，用 $V_n$ 表示岩石孔隙的体积，用 $V$ 表示包括孔隙在内的岩石的体积，则

$$n=\frac{V_n}{V} \text{ 或 } n=\frac{V_n}{V}\times100\% \tag{3-1}$$

孔隙度是一个比值，可用小数或百分数表示。孔隙度 $n$ 的大小主要取决于颗粒的分选程度和颗粒排列情况，此外颗粒形状、胶结充填情况也影响孔隙度。对于黏性土，结构及次生裂隙常是影响孔隙度的重要因素。当颗粒为等粒圆球，排列呈立方体时孔隙度

最大，为 47.64%；四面体排列时孔隙度最小，为 25.95%；其余排列方式时，孔隙度一般介于两者之间。

自然界中并不存在完全等粒的松散岩石，分选程度愈差，颗粒大小愈悬殊，孔隙度便愈小，当细小颗粒充填于粗大颗粒之间的空隙中，自然会大大降低孔隙度。同样，如果岩石颗粒间被胶结充填，充填物多时孔隙度相对偏小。自然界中的岩石颗粒外形多为不规则的，组成岩石的颗粒形状愈不规则，棱角愈明显，通常排列愈松散，孔隙度愈大。

黏性土的孔隙度往往可以超过上述理论上的最大值。这是因为黏土颗粒表面常带有电荷，在沉积过程中黏粒聚合，构成颗粒集合体，可形成直径比颗粒还大的结构孔隙。此外黏性土中发育有虫孔、根孔等次生裂隙，均使孔隙度增大。对地下水运动影响最大的不是孔隙度的大小，而是孔隙的大小，尤其是孔隙通道中最细小的部分。孔隙通道中最细小的部分称为孔喉，孔隙中最宽大的部分称为孔腹。孔喉的大小对水流动的影响更大。孔隙大小取决于颗粒大小及分选性，颗粒大而均匀，孔隙就大；颗粒大小不均时，小颗粒充填大颗粒形成的孔隙，孔隙就小；颗粒排列方式对孔隙大小的影响也较大，以等粒颗粒为例，设颗粒直径为 $D$，四面体排列时孔喉直径 $d=0.155D$，立方体排列时 $d=0.414D$，颗粒形状对孔隙的大小也有一定的影响，带棱角的颗粒易架空，从而形成较大的孔隙。对于黏性土，决定孔隙大小的不仅是颗粒的大小及排列，结构孔隙及次生孔隙的影响也是不可忽视的。

### 2．裂隙

裂隙是指固结的坚硬岩石（沉积岩、岩浆岩和变质岩）在各种应力作用下岩石破裂变形而产生的空隙。裂隙分为成岩裂隙、构造裂隙和风化裂隙。裂隙的多少以裂隙率表示。

成岩裂隙是指岩石在成岩过程中由于冷凝收缩（岩浆岩）或固结干缩（沉积岩）而产生的裂隙，以玄武岩柱状节理最有水文地质意义。构造裂隙是指岩石在构造变动中受力而产生的裂隙，具有方向性、大小悬殊、分布不均匀的特点，也是最具供水意义的裂隙类型。风化裂隙是指岩石在风化营力作用下发生破坏而产生的裂隙，主要分布于地表附近，亦具有供水意义。

裂隙率（$K_r$）是岩石中裂隙体积（$V_r$）与包含裂隙体积在内的岩石体积（$V$）的比值，即

$$K_r=\frac{V_r}{V}\text{或}K_r=\frac{V_r}{V}\times100\% \tag{3-2}$$

$K_r$ 为体积裂隙率，也可用面积裂隙率和线裂隙率表示。一定面积或长度的裂隙岩层中裂隙面积或长度与所测岩层总面积或长度之比，分别称为面裂隙率和线裂隙率。

### 3. 溶穴

溶穴，又称溶隙、溶洞，是指可溶的沉积岩（如盐岩、石膏、石灰岩、白云岩等）在地下水溶蚀作用下所产生的空隙（空洞）。溶穴的体积（$V_k$）与包含溶穴在内的岩石体积（$V$）的比值即为岩溶率（$K_k$），即

$$K_{\mathrm{k}}=\frac{V_{\mathrm{k}}}{V} \text{或} K_{\mathrm{k}}=\frac{V_{\mathrm{k}}}{V}\times 100\% \tag{3-3}$$

### 4. 空隙网络

自然界的岩石空隙的发育远比上面所说的复杂，松散岩石固然以孔隙为主，但某些黏性土干缩固结也可产生裂隙，固结程度不高的沉积岩往往既有孔隙又有裂隙，可溶性岩石由于溶蚀不均一，有的部分发育有溶穴，而有的部分发育有裂隙，甚至保留原生的孔隙和裂隙。因此，在研究岩石空隙的过程中，必须注意观察，收集实际资料，在事实的基础上分析空隙形成的原因及其控制因素，查明发育规律。

岩石中的空隙必须以一定的方式连接起来构成空隙网络，才能成为地下水有效的储容空间和运移通道，松散岩石、坚硬岩石和可溶性岩石的空隙网络具有不同的特点。

## （二）岩石中水的存在形式

### 1. 结合水

结合水是指受固相表面的引力大于水分子自身重力的那部分水，即被岩土颗粒的分子引力和静电引力吸附在颗粒表面的水。

最接近固相表面的结合水称为强结合水，为紧附于岩土颗粒表面结合最牢固的一层水，其所受吸引力相当于一万个大气压。其含量，在黏性土中为48%，在砂土中为0.5%，其特点为：强结合水厚达上百个水分子直径，吸引力大，密度大（2g/L），冰点低（−78℃），呈固态，无溶解能力，不能运动。结合水的外层由于分子力而黏附在岩土颗粒上的水称为弱结合水，又称薄膜水。其含量，在黏性土中为48%，在砂土中为0.2%。其特点为：厚度较大，处于固态与液态之间，吸引力小，密度较大，有溶解能力，有一定运动能力，在饱水带中能传递静水压力，静水压力大于结合水的抗剪强度时能够运移，其外层可被植被吸收，有抗剪强度。

## 2．重力水

重力水是指距离固体表面更远、重力对其影响大于固体表面对其吸引力、能在重力影响下自由运动的那部分水。井、泉所采取的均为重力水，为水文地质学和地下水水文学的主要研究对象。

## 3．毛细水

毛细水是由于毛细管力作用而保存于包气带内岩层空隙中的地下水，可分为支持毛细水、悬挂毛细水和孔角（触点）毛细水。由松散岩石中细小的孔隙通道构成细小毛细管。

支持毛细水是在地下水面以上由毛细力作用所形成的毛细带中的水。

细粒层次与粗粒层次交互成层时，在一定的条件下，由于上下弯液面毛细力的作用，在细土层中会保留与地下水面不连接的毛细水，这种毛细水称为悬挂毛细水。

在包气带中颗粒接触点上还可以悬留孔角毛细水，即使是粗大的卵砾石，颗粒接触处孔隙大小也总可以达到毛细管的程度而形成弯液面，使降水滞留在孔角上。

## 4．气态水、固态水

岩石空隙中的这部分水含量很小。其中气态水存在于包气带中，可以随空气流动。另外，即使空气不流动，它也能从水汽压力大的地方向水汽压力小的地方移动。气态水在一定温度、压力下可与液态水相互转化，两者之间保持动平衡。

岩石的温度低于 0℃时，空隙中的液态水转为固态。我国北方冬季常形成冻土，东北及青藏高原冻土地区有部分岩石中赋存的地下水多年保持固态。

## 5．矿物中的水

除了岩石空隙中的水，还有存在于矿物结晶内部及其间的水，即沸石水、结构水和结晶水。结构水（化合水）又称为化学结合水，是以 $H^+$ 和 $OH^-$ 离子的形式存在于矿物结晶格架某一位置上的水。结晶水是矿物结晶构造中的水，以 $H_2O$ 分子形式存在于矿物结晶格架固定位置上的水。方沸石中就含有沸石水，这种水加热时可以从矿物中分离出去。

### （三）与水的储容及运移有关的岩石性质

岩石空隙大小、多少、连通程度及其分布的均匀程度，都对其储容、滞留、释出以及透过水的能力有影响。

## 1．容水度

容水度是指岩石完全饱水时所能容纳的最大的水体积与岩石总体积的比值。可用小数或百分数表示。一般来说，容水度在数值上与孔隙度（裂隙率、岩溶率）相当。但是对于具有膨胀性的黏土，充水后体积扩大，容水度可大于孔隙度。

### 2. 含水量

含水量说明松散岩石实际保留水分的状况。

松散岩石孔隙中所含水的重量（$G_w$）与干燥岩石重量（$G_s$）的比值，称为重量含水量（$W_g$），即

$$W_g = \frac{G_w}{G_s} \times 100\% \tag{3-4}$$

含水的体积（$V_w$）与包括孔隙在内的岩石体积（$V$）的比值，称为体积含水量（$W_v$），即

$$W_v = \frac{V_w}{V} \times 100\% \tag{3-5}$$

当水的密度为 $1g/cm^3$，岩石的干容重（单位体积干土的质量）为 $\gamma_\alpha$ 时，质量含水量与体积含水量的关系为：

$$W_v = W_g \gamma_a \tag{3-6}$$

孔隙充分饱水时的含水量称作饱和含水量（$W_s$），饱和含水量与实际含水量之间的差值称为饱和差。实际含水量与饱和含水量之比称为饱和度。

### 3. 给水度

若使地下水面下降，则下降范围内饱水岩石及相应的支持毛细水带中的水，将因重力作用而下移并部分从原先赋存的空隙中释出。我们把地下水位下降一个单位深度，从地下水位延伸到地表面的单位水平面积岩石柱体，在重力作用下释出的水的体积，称为给水度。给水度以小数或百分数表示。例如，地下水位下降 2m，$1m^2$ 水平面积岩石柱体，在重力作用下释出的水的体积为 $0.2m^3$（相当于水柱高度 0.2m），则给水度为 0.1 或 10%。

对于均质的松散岩石，给水度的大小与岩性、初始地下水位埋藏深度，以及地下水

位下降速率等因素有关。

岩性对给水度的影响主要表现为空隙的大小与多少，颗粒粗大的松散岩石，裂隙比较宽大的坚硬岩石，以及具有溶穴的可溶岩，空隙宽大，重力释水时，滞留于岩石空隙中的结合水与孔角毛细水较少，理想条件下给水度的值接近孔隙度、裂隙率与岩溶率。若空隙细小（如黏性土），重力释水时大部分水以结合水与悬挂毛细水形式滞留于空隙中，给水度往往很小。

当初始地下水位埋藏深度小于最大毛细上升高度时，地下水位下降后，重力水的一部分将转化为支持毛细水而保留于地下水面之上，从而使给水度偏小。观测与实验表明：当地下水位下降速率大时，给水度偏小，此点对于细粒松散岩石尤为明显。可能的原因是，重力释水并非瞬时完成，而往往滞后于水位下降；此外，迅速释水时大小孔道释水不同步，大的孔道优先释水，在小孔道中形成悬挂毛细水而不能释出。

对于均质的颗粒较细小的松散岩石，只有当其初始水位埋藏深度足够大、水位下降速率十分缓慢时，释水才比较充分，给水度才能达到其理论最大值。

粗细颗粒层次相间分布的层状松散岩石，地下水位下降时，细粒夹层中的水会以悬挂毛细水形式滞留而不释出，这种情况下，给水度就更偏小了。

### 4．持水度

地下水位下降时，一部分水由于毛细力（以及分子力）的作用而仍旧反抗重力保持于空隙中。地下水位下降一个单位深度，单位水平面积岩石柱体中反抗重力而保持于岩石空隙中的水量，称作持水度（$S_r$）。

给水度、持水度与孔隙度的关系是：

$$\mu + S_\tau = n \tag{3-7}$$

显然，所有影响给水度的因素也就是影响持水度的因素，包气带充分重力释水而又未受到蒸发、蒸腾消耗时的含水量称作残留含水量（$W_0$），数值上相当于最大的持水度。

### 5．透水性

岩石的透水性是指岩石允许水透过的能力，表征岩石透水性的定量指标是渗透系数。在此仅讨论影响岩石透水性的因素。

我们以松散岩石为例，分析一个理想孔隙通道中水的运动情况。孔隙的边缘上分布

着在寻常条件下不运动的结合水，其余部分是重力水。由于附着于隙壁的结合水层对于重力水，以及重力水质点之间存在着摩擦阻力，最近边缘的重力水流速趋于零，中心部分流速最大。由此可得出：孔隙直径越小，结合水所占据的无效空间越大，实际渗流断面就越小；同时，孔隙直径越小，可能达到的最大流速越小。因此孔隙直径越小，透水性就越差。当孔隙直径小于两倍结合水层厚度时，在寻常条件下就不透水。

如果我们把松散岩石中的全部孔隙通道概化为一束相互平行的等径圆管，则不难推知：当孔隙度一定而孔隙直径越大时，则圆管通道的数量越少，但有效渗流断面越大，透水能力就越强；反之，孔隙直径越小，透水能力就越弱。由此可见，决定透水性好坏的主要因素是孔隙大小；只有在孔隙大小达到一定程度，孔隙度才对岩石的透水性起作用，孔隙度越大，透水性越好。

然而，实际的孔隙通道并不是直径均一的圆管，而是直径变化、断面形状复杂的管道系统，岩石的透水能力并不取决于平均孔隙直径，而在很大程度上取决于最小的孔隙直径。

此外，实际的孔隙通道也不是直线的，而是曲折的，孔隙通道越弯曲，水质点实际流程就越长，克服摩擦阻力所消耗的能量就越大。

颗粒分选性，除了影响孔隙大小，还决定着孔隙通道沿程直径的变化和曲折性。因此，分选程度对于松散岩石透水性的影响，往往要超过孔隙度。

## 三、地下水的赋存特征

### （一）包气带与饱水带

包气带是指地下水面以上至地表面之间与大气相通的含有气体的地带。包气带水是指以各种形式存在于包气带中的水。其赋存和运移受毛细水和重力的共同影响，确切地说是受土壤水分势能的影响。包气带含水量及其水盐运移受气象因素的影响极其显著。包气带是饱水带与大气圈、地表水圈联系必经的通道，其水盐运移对饱水带有重要的影响。包气带可分为土壤水带、中间（过渡）带和毛细水带。包气带顶部植物根系发育与微生物活动的带为土壤层，其中含有土壤水。包气带底部是毛细水带，毛细水带是由于岩层毛细力的作用在潜水面以上形成的一个与饱水带有直接水力联系的接近饱和的地带，但由于毛细负压的作用，毛细带的水不能进入到井中。包气带厚度较大时土壤水带和毛细水带之间还存在着中间带，若中间带由粗细不同的岩性构成时，在细颗粒中间还可能有成层的悬挂毛细水，上部还可能滞留重力水。

饱水带是地下水面以下岩土空隙空间全部或几乎全部被水充满的地带。饱水带中的水体分布连续，可传递静水压力，在水头差作用下可连续运动。其中的重力水是开发利用或排泄的主要对象。

（二）含水层、隔水层与弱透水层

根据岩层渗透性强弱和透水能力大小，岩层通常可划分为含水层、隔水层和弱透水层。

含水层是指能够透过并给出相当数量水的岩层，是饱含水的透水层。构成含水层的三个条件是：有储存水的空间（储水构造）；周围有隔水岩石；有水的来源，以含有重力水为主。

隔水层是指不能透过与给出水或者透过与给出的水量微不足道的岩层，以含有结合水为主。

含水层和隔水层没有定量的指标，它们的定义具有相对性。在各种不同的情况下，人们所指的含水层和隔水层在含义上有所不同。岩性相同、渗透性完全一样的岩层，很可能在有些地方被当作含水层，在另一些地方被当作隔水层。即使在同一地方，在涉及某些问题时被当作透水层，涉及另一些问题时被看作或划分为隔水层。如何划分含水层、隔水层，要视具体条件而定。

在利用和排除地下水时，应考虑岩层所能给出水的数量大小是否具有实际意义。例如利用地下水供水时某一岩层能够给出的水量较小，对于水量丰沛、需水量很大的地区，由于远不能满足供水需求，而被视为隔水层。但在水资源匮乏、需水量又小的地区，便能在一定程度上，甚至完全满足实际需要，而被看作含水层。再如，某种岩层渗透性比较低，从供水的角度，可能被看作隔水层，而从水库渗漏的角度，由于水库周界长，渗漏时间长，渗漏量不能忽视，而被看作含水层。弱透水层是指透水性相当差，但在水头差作用下通过越流可交换较大水量的岩层。严格地说，自然界没有绝对不发生渗透的岩层，只不过渗透性特别低而已。从这个角度上说，岩层是否透水还取决于时间尺度。

（三）地下水分类

地下水广义上是指赋存于地面以下岩石空隙中的水，狭义上仅指赋存于饱水带岩土空隙中的重力水。地下水的赋存特征对其水量、水质时空分布有决定意义，其中最重要的是埋藏条件和含水介质类型。

埋藏条件是指含水岩层在地质剖面中所处的部位及受隔水层（弱透水层）限制的情

况。据此可将地下水分为包气带水（包括土壤水、上层滞水、毛细水及过路重力水）、潜水和承压水，其中潜水和承压水是供水水文地质的主要研究对象。按含水介质（空隙）类型可将地下水分为孔隙水、裂隙水和岩溶水。

松散岩石中的孔隙连通性好，分布均匀，其中的地下水分布与流动比较均匀，赋存于其中的地下水称为孔隙水。坚硬基岩中的裂隙，宽窄不等，多具有方向性，连通性较差，分布不均匀，其中的地下水相互关联差，分布流动不均匀，称为裂隙水。可溶岩石中的溶穴是一部分原有裂隙与原生孔隙溶蚀而成，大小悬殊，分布不均，其中的地下水分布与流动多极不均匀，称为岩溶水。除传统的三大类型地下水外，还有过渡类型如孔隙－裂隙水、黏土裂隙水、裂隙－孔隙水、火山灰渣孔隙水、熔岩孔洞水、基岩裂隙水（裂隙水）、裂隙－岩溶水等类型。

（四）潜水

潜水是指饱水带中第一个具有自由表面的含水层中的水，即地表以下第一个稳定隔水层以上具有自由水面的地下水，潜水没有隔水顶板或只有局部隔水顶板。潜水的表面为自由表面，称为潜水面；从潜水面到隔水底板的距离称为潜水含水层厚度；潜水面到地面的距离称为潜水埋藏深度；潜水含水层的厚度与潜水埋藏深度随着潜水面的变化发生相应的变化；含水层底部的隔水层被称为隔水底板，潜水面上任意一点的高程是潜水位。

潜水含水层上部不存在完整的隔水层或弱透水顶板，与包气带直接相连，因此潜水可以通过包气带直接接受大气降水、地表水的补给。潜水在重力作用下由水位高的地方向水位低的地方径流，在天然条件下除流入其他含水层以外，一方面可能径流到低洼地带以泉泄流的方式向地表排泄；另一方面可能通过土层的蒸发和植物的蒸腾作用进入大气层。

潜水与大气圈、地表水圈联系密切，积极参与水循环，这使得潜水资源量易于补充恢复；但一般情况下潜水受气候的影响较大，含水层厚度一般比较有限，资源通常缺乏多年调节性。潜水的水质主要取决于气候、地形、岩性等条件的影响。气候湿润的山丘区，潜水以径流为主，水中的含盐量不高；气候干旱的平原区，潜水以蒸发为主，常形成含盐量较高的咸水。地形的影响也比较显著，地形切割强烈的地区，有利于潜水的循环，水中的含盐量也相对较低；地形平坦，不利于潜水循环的地区，水中的盐分含量相对较高。此外由于上部没有完整的隔水层，所以潜水很容易受污染，应注意对潜水水源的保护。

（五）承压水

承压水是指充满于两个隔水层（弱透水层）之间的含水层中具有承压性质的地下水。承压含水层上部的隔水层称为隔水顶板，承压含水层下部的隔水层称为隔水底板，隔水顶板、底板之间的距离称为承压含水层的厚度。由于承压含水层中的水承受大气压强以外的压强，当钻孔揭露含水层顶板时，钻孔中的水位将上升到含水层顶板以上一定高度才能静止下来。钻孔中承压水位到承压含水层顶面之间的距离，即从静止水位到承压含水层顶面的垂直距离称为承压高度，亦是作用于隔水顶板的以水柱高度表示的附加压强。井孔中静止水位的高程称为测压水位或测压水头。

承压性是承压水的重要特征。一个基岩向斜盆地，中央部分的含水层位于隔水层之下，是承压区；两端出露于地表，为非承压区。含水层从出露较高位置获得补给，在另一侧出露较低位置进行排泄。测压水位高于地面能自行喷出或溢出地表面的地下水称为自流水；承压水自流的范围称为自流区，又称为承压水的自溢区。

承压水在很大程度上与潜水一样，接受降水入渗补给、地表水的入渗补给。当顶板的隔水性能良好时，主要通过含水层出露于地表的补给区接受补给，在承压区接受越流补给，在下游排泄区以泉或其他径流方式向地表或地表水体排泄。承压含水层因受上部隔水层的影响，与大气圈、地表水圈的联系较差，不易受水文、气象因素的影响或影响相对较小。水循环缓慢，水资源不易恢复补充，但一些地方承压含水层厚度较大，具有多年调节性。因为上部分布有完整的隔水层，承压水水质不易被污染，但一旦污染很难治理。原生水质取决于埋藏条件及其与外界联系的程度。与外界联系较好，水中含盐量相对较少，承压水参与水循环越积极，水质就越接近入渗的大气降水；与外界联系较差，基本保留沉积物沉积时的水，水中含盐量相对较大。

承压水接受补给或进行排泄时，对水量增减的反应与潜水不同。潜水含水层接受补给或进行排泄时，潜水位抬升或降低，含水层厚度加大或变薄。承压含水层接受补给时，由于含水层的顶板限制，获得的补给水量使测压水位上升。一方面由于压强增大，含水层中水的密度加大；另一方面由于孔隙水压力增大，有效应力降低，含水层骨架发生少量回弹，空隙增大，即增加的水量通过水的密度加大及含水介质空隙的增加而被容纳。含水层排泄时，减少的水量表现为含水层中水的密度变小以及含水介质空隙缩减。

与潜水的给水度相类似，承压含水层以贮水系数（又称储水系数或弹性释水系数）表征承压水的给水性。贮水系数是指承压水测压水位下降或上升一个单位深度时单位水平面积含水层所释放或储存的水的体积。一般承压含水层的贮水系数为0.005～0.00005，

常较潜水含水层的给水度小 1 ～ 3 个数量级。因此也就不难理解，开采承压含水层往往会导致测压水位大面积、大幅度下降。

潜水与承压水在一定条件下可以相互转化，在孔隙含水层中转化更为频繁。承压水可以由潜水转化而来，潜水也可以获得承压水的补给。两者间的转化取决于两个含水层的水头差，两个含水层之间弱透水层的岩性、厚度、渗透性以及时间等因素。

（六）上层滞水

地面以下通常分布有多层含水层，当包气带中局部分布有隔水层或弱透水层时，隔水层或弱透水层上会积聚具有自由水面的重力水，这种水通常称为上层滞水。上层滞水的性质基本与潜水相同。它的补给来源主要为大气降水，通过蒸发或向隔水底板的边缘下渗排泄。雨季获得补充，积存一定的水量，旱季水量逐渐消耗。当分布范围小且补给不经常时，不能终年保持有水。由于其水量小，动态变化剧烈，只有在缺水地区才能成为小型的供水水源地或暂时性供水水源。上层滞水受水文因素影响强烈,水质极易受污染。

（七）潜水与承压水的相互转化

在自然与人为条件下，潜水与承压水经常处于相互转化之中。显然，除了构造封闭条件下与外界没有联系的承压含水层外，所有承压水最终都是由潜水转化而来，或由补给区的潜水测向流入，或通过弱透水层接受潜水的补给。

对于孔隙含水系统，承压水与潜水的转化更为频繁。孔隙含水系统中不存在严格意义上的隔水层，只有作为弱透水层的黏性土层。山前倾斜平原，缺乏连续的厚度较大的黏性土层，分布着潜水。进入平原后，作为弱透水层的黏性土层与砂层交互分布。浅部发育潜水（赋存于砂土与黏性土层中），深部分布着由山前倾斜平原潜水补给形成的承压水。由于承压水水头高，在此通过弱透水层补给其上的潜水。因此，在这类孔隙含水系统中，天然条件下，存在着山前倾斜平原潜水转化为平原承压水，最后又转化平原潜水的过程。

天然条件下,平原潜水同时接受来自上部降水入渗补给及来自下部承压水越流补给。随着深度加大，降水补给的份额减少，承压水补给的比例加大。同时，黏性土层也向下逐渐增多。因此，含水层的承压性是自上而下逐渐加强的。换句话说，平原潜水与承压水的转化是自上而下逐渐发生的，两者的界限不是截然分明的。开采平原深部承压水后其水位低于潜水时，潜水便反过来成为承压水的补给源。

基岩组成的自流斜地中，由于断层不导水，天然条件下，潜水及与其相邻的承压水

通过共同的排泄区以泉的形式排泄。含水层深部的承压水则基本上是停滞的。如果在含水层的承压部分打井取水,井周围测压水位下降,潜水便全部转化为承压水由开采排泄了。由此可见，作为分类，潜水和承压水的界限是十分明确的，但是，自然界中的复杂情况远非简单的分类所能包容，实际情况下往往存在着各种过渡与转化的状态，切忌用绝对的固定不变的观点去分析水文地质问题。

# 第二节　地下水运动规律

## 一、渗流的基本概念

渗流是指地下水在岩石空隙中的运动，渗流场是指发生渗流的区域根据水质点的运动特征可将水流分为层流运动和紊流运动。层流运动是指在岩石空隙中渗流时水的质点做有秩序的、互不混杂的流动。紊流运动指在岩石空隙中渗流时水的质点做无秩序的、互相混杂的流动。

根据渗流运动要素与时间的关系，可将渗流分为稳定流和非稳定流。稳定流是指水在渗流场内运动过程中各个运动要素（水位、流速、流向等）不随时间改变的水流运动。非稳定流是指水在渗流场内运动过程中各个运动要素（水位、流速、流向等）随时间变化的水流运动。

## 二、重力水运动的基本规律

（一）达西定律

### 1. 达西定律表达式

法国工程师达西（Henry Darcy）于19世纪50年代通过实验得到著名的达西定律。达西定律是在定水头、定流量、均质砂的实验条件下得到的渗透流量与水头差、渗透途径之间的分析表达式。实验装置由砂柱、滤网、测压管、量杯、供水的马氏瓶组成。

实验中，水由砂柱的上端加入，流经砂柱并从砂柱的下端流出，在上、下测压管分别测得两个断面的水头，同时在出口测量流量。当水流由上向下运动达到稳定时，此时地下水做一维均匀运动，渗流速度与水力坡度的大小和方向沿流程不变。根据实验结果得到达西定律表达式：

$$Q = KAI = KA\frac{H_1 - H_2}{L}$$

（3-8）

$$v = \frac{Q}{A} = KI$$

（3-9）

$$I = \frac{H_1 - H_2}{L}$$

（3-10）

式中：

$Q$——渗透流量（出口处流量），即通过过水断面（砂柱各断面）的流量，$m^3/d$；

$v$——渗透流速，m/d；

$K$——多孔介质的渗透系数，m/d；

$A$——为过水断面面积，$m^2$；

$H_1$，$H_2$——分别为上、下游过水断面的水头，m；

$L$——渗透途径，m；

$I$——为水力梯度，等于两个计算断面之间的水头差除以渗透途径，即渗透路径中单位长度上的水头损失。

达西定律反映了能量转化与守恒。根据达西定律，渗透流速与梯度的一次方成正比；如果渗透系数一定，当渗透流速增大时，水头差增大，表明单位渗透途径上被转化成热能的机械能损失越多，即渗透流速与机械能的损失成正比；当渗透流速一定时，渗透系数越小，水头差越大，即渗透系数与机械能的损失成反比。

### 2. 达西定律适用范围

达西定律主要适用于雷诺数（$Re$）较小的层流。雷诺数 $Re$ 小于 10 时，地下水运动速度低，黏滞力占优势，水流为层流，达西定律适用。

当雷诺数 $Re$ 为 10 ～ 100 时，地下水流速增大，地下水运动由黏滞力占优势的层流转变为以惯性力占优势的层流运动，为过渡带，虽然地下水仍为层流，但达西定律已不适用。

当雷诺数 $Re$ 大于 100 时，地下水流为紊流，达西定律不适用。由于地下水流基本是雷诺数小于 10 的层流，因此达西定律基本适用。

（二）渗透流速

渗透流速又称渗透速度、比流量，是渗流在过水断面上的平均流速。它不代表任何真实水流的速度，只是一种假想速度。它描述的是渗流具有的平均速度，是渗流场空间坐标的连续函数，是一个虚拟的矢量。

因为计算渗透流速所用的面积为砂柱的横截面积而不是实际的过水断面面积，渗透流速与实际流速之间的关系为

$$v=\frac{A'}{A}\cdot u \tag{3-11}$$

式中：

$v$——地下水的渗透流速，m/d；

$A$——砂柱横截面积，$m^2$；

$A'$——实际过水断面面积，$m^2$；

$u$——地下水的实际流速，m/d。

如果用有效孔隙度（$n_e$）来表示重力水流动的孔隙体积与岩石体积之比，那么 $n_e=\frac{V_g}{V_t}=\frac{A'}{A}$，于是有：

$$v=n_e\cdot u \tag{3-12}$$

（三）水力梯度

水力梯度，也称水力坡度，是指沿渗透途径水头损失与渗透途径长度的比值。水在空隙中运动时，必须克服水与隙壁之间的阻力，以及流动快慢不同的水质点之间的摩擦阻力，从而消耗机械能，造成水头损失。因此水力梯度可以理解为水流通过单位长度渗透途径为克服摩擦阻力所耗失的机械能，或为克服摩擦力而使水以一定速度流动的驱动力。在渗流场中大小等于梯度值，方向沿等水头面的法线并指向水头下降方向的矢量，用 $I$ 表示：

$$I=-\frac{\mathrm{d}H}{\mathrm{d}n}n$$

（3-13）

式中，$n$ 为法线方向单位矢量。

在空间宜角坐标系中，其三个分量分别为：

$$I=-\frac{\partial H}{\partial x},I=-\frac{\partial H}{\partial y},I=-\frac{\partial H}{\partial z}$$

（3-14）

## 第三节　地下水中的化学成分

### 一、地下水基础

地下水不是纯水，而是复杂的溶液。赋存于岩石圈中的地下水，不断与岩土发生化学反应，在与大气圈、水圈和生物圈进行水量交换的同时，交换化学成分。人类活动对地下水化学成分的影响，虽然只是悠长地质历史的一瞬，然而，已经深刻改变了地下水的化学面貌。

地下水的化学成分是地下水与环境长期相互作用的产物。一个地区地下水的化学面貌，反映了该地区地下水的历史演变。研究地下水的化学成分，可以帮助我们重塑一个地区的水文地质历史，阐明地下水的起源与形成。

水是最常见的良好溶剂。它溶解岩土组分，搬运这些组分，并在某些部位将某些组分析出沉淀。流动的地下水是地球中元素迁移、分散与富集的营力，是多种地质过程（岩溶、沉积、成岩、变质、成矿）的参与者。

为各种目的利用地下水，都对水质有一定要求，为此要进行水质评价。含大量盐类或富集某些稀散元素的地下水是宝贵的工业原料；某些具有特殊物理性质与化学成分的地下水具有医疗意义；上述情况下，地下水是宝贵的液体矿产。盐矿、油田以及金属矿床，往往形成特定化学元素的分散晕圈，是重要的找矿标志。

地下水中化学元素迁移、集聚与分散的规律，是水文地质学的分支——水文地球化

学的研究内容。这一研究地下水水质演变的学科，与研究地下水水量变化的学科——地下水动力学一起，构成了水文地质学的理论基础。地下水水质的演变具有时间上的继承性，自然地理与地质发展历史给予地下水的化学面貌以深刻影响。因此，不能单纯从化学角度，孤立、静止地研究地下水的化学成分及其形成，而必须从水与环境长期相互作用的角度出发，去揭示地下水化学演变的内在依据与规律。

随着水文地球化学理论的发展以及水化学分析技术的进步，随着与水质有关问题（污染、毒性天然水、海水入侵）的出现，水文地质学中水化学研究的比重不断增大，水化学手段的应用越来越广泛。

## 二、地下水中的化学组分

### （一）地下水中主要气体成分

地下水中含有各种气体、离子、胶体、有机质。地下水中常见的气体成分有 $O_2$、$N_2$、$CO_2$、$CH_4$ 及 $H_2S$ 等，以前三种为主。通常，地下水中气体含量不高，每升水中只有几毫克到几十毫克，但有重要意义。一方面，气体成分能够说明地下水所处的地球化学环境；另一方面，有些气体会增加地下水溶解某些矿物组分的能力。

#### 1．氧气（$O_2$）、氮气（$N_2$）

地下水中的 $O_2$ 和 $N_2$ 主要来源于大气。它们随同大气降水及地表水补给地下水，与大气圈关系密切的地下水中含 $O_2$ 及 $N_2$ 较多。

溶解氧含量多说明地下水处于氧化环境。$O_2$ 的化学性质远较 $N_2$ 活泼，在相对封闭的环境中，$O_2$ 将耗尽而只留下 $N_2$，因此，$N_2$ 的单独存在，通常可说明地下水起源于大气并处于还原环境。大气中的惰性气体与 $N_2$ 的比例恒定，即：$(Ar+Kr+Xe)/N_2=0.0118$，比值等于此数值，说明呢是大气起源的；小于此数值，则表明水中含有生物起源或变质起源的 E。

#### 2．硫化氢（$SN_2$）、甲烷（$CH_4$）

地下水中出现 $H_2S$ 和 $CH_4$，是在与大气比较隔绝的还原环境中，微生物参与的生物化学作用的结果。

#### 3．二氧化碳（$CO_2$）

降水和地表水补给地下水时带来 $CO_2$，但含量通常较低。地下水中的 $CO_2$ 主要来源于土壤。有机质残骸的发酵作用与植物的呼吸作用，使土壤中源源不断产生 $CO_2$，并进入地下水。

含碳酸盐的岩石，在深部高温下，也可变质生成 $CO_2$：

这种情况下，地下水中富含 $CO_2$，可高达 1g/L 以上。

化石燃料（煤、石油、天然气）的大量应用，使大气中人为产生的 $CO_2$ 明显增加。

地下水中含 $CO_2$ 愈多，溶解某些矿物组分的能力愈强。

（二）地下水中的溶解性总固体及主要离子成分

### 1．溶解性总固体

溶解性总固体是溶解在水中的无机盐和有机物的总称（不包括悬浮物和溶解气体等非固体组分），用缩略词 TDS 表示。将 1 L 水加热到 105℃～ 110℃，剩下的残渣质量即作为溶解性总固体，单位为 mg/L 或 g/L。也可用分析得出的各种溶解性固体组分含量累加，减去 $HCO_3^-$含量的 1/2 求得（蒸干时有将近 1/2 的 $HCO_3^-$逸失）。

总矿化度或矿化度是以往经常采用的术语。总矿化度（矿化度）是指溶于水中的离子、分子与化合物的总和，以 g/L 或 mg/L 为单位。这一概念来自苏联，其他国家几乎不采用，新的《生活饮用水卫生标准》已经采用溶解性总固体代替总矿化度。但在引用前人文献时，仍然会提到总矿化度。

按溶解性总固体含量（g/L），将地下水分类如下：淡水＜ 1；微咸水（brackish water）1 ～ 3；咸水（saline water）3 ～ 10；盐水 10 ～ 50；卤水＞ 50。

地下水中分布最广、含量较多的离子共七种，即：氯离子、硫酸根离子、重碳酸根离子、钠离子、钾离子、钙离子及镁离子。构成这些离子的元素，或者是地壳中含量较高且较易溶于水的，或者是地壳中含量虽不很大，但极易溶于水的。地壳中含量很高的 Si、Al、Fe 等元素，由于难溶于水，地下水中含量通常不大。

一般情况下，随着地下水溶解性总固体变化，主要离子成分也随之变化。低 TDS 水中，常以 $HCO_3^-$及 $Ca_2^+$、$Mg_2^+$ 为主；高 TDS 水以 $Cl^-$ 及 $Na^+$ 为主；TDS 中等的地下水中，阴离子多以 $SO^{2-}_4$ 为主，主要阳离子则可以是 $Na^+$，也可以是 $Ca^{2+}$、$Mg^{2+}$。

地下水的 TDS 与离子成分间之所以具有这种对应关系，主要原因是水中盐类的溶解度不同。盐类溶解度还受其他因素影响（如 $CaCO_3$ 及 $MgCO_3$ 的溶解度随水中 $CO_2$ 含量增加而增大）。

总的来说，氯化物的溶解度最大，硫酸盐次之，碳酸盐较小。钙、镁的碳酸盐，溶解度最小。随着 TDS 增大，钙、镁的碳酸盐首先达到饱和并沉淀析出，继续增大时，钙

的硫酸盐饱和析出，因此，TDS高的水中便以易溶的氯和钠占优势（氯化钙的溶解度更大，TDS异常高的地下水中以氯和钙为主；但是，自然条件下，只有在很少的特定条件下出现氯化钙型水）。

## 2. 氯离子（$Cl^-$）

$Cl^-$在地下水中广泛分布，但在低TDS水中含量通常仅数毫克/升到数十毫克/升，高TDS水中可达数克/升乃至100克/升以上。

地下水中的$Cl^-$主要有以下几种来源：①沉积岩中岩盐或其他氯化物的溶解；②岩浆岩中含氯矿物的风化溶解；③海水补给地下水，或者海风将细末状的海水带到陆地，使地下水中$Cl^-$增多；④来自火山喷发物的溶滤；⑤人为污染：生活污水及粪便中含有大量$Cl^-$，因此，居民点附近的地下水TDS不高，但是$Cl^-$含量相对较高。

氯盐溶解度大，不易沉淀析出，$Cl^-$不被植物及细菌所摄取，不被土粒表面吸附，因此，$Cl^-$是地下水中最稳定的离子。$Cl^-$含量随着TDS增加而不断增加，因此，$Cl^-$含量常可用来说明地下水化学演变的历程；通常，随着地下水流程增加而增加。由于下面将提到的某些化学作用可使水中TDS降低，所以，地下水中的$Cl^-$含量往往比TDS更能表征地下水流程。当然，将$Cl^-$含量作为地下水流程标志时，必须排除某些特殊因素，例如，生活污水污染、海水影响等。

## 3. 硫酸根离子（$SO_4^{2-}$）

在高TDS水中，$SO_4^{2-}$的含量仅次于$Cl^-$，可达数克/升，个别达数十克/升；在低TDS水中，一般含量仅数毫克/升到数百毫克/升；中等矿化的水中，$SO_4^{2-}$常成为含量最多的阴离子。

地下水中的$SO_4^{2-}$来自含石膏或其他硫酸盐的沉积岩的溶解。硫化物的氧化，则使本来难溶于水的S以$SO_4^{2-}$形式大量进入水中。

煤系地层常含有很多黄铁矿，因此流经这类地层的地下水往往以$SO_4^{2-}$为主，金属硫化物矿床附近的地下水也常含大量$SO_4^{2-}$。

化石燃料的应用提供了人为产生的$SO_2$、$NO_2$等，与水分子作用形成硫酸及硝酸进入降水；降水的pH值小于5.6时便称为“酸雨”。

由于$CaSO_4$的溶解度较小，限制了$SO_4^{2-}$在水中的含量，所以，地下水中的$SO_4^{2-}$远不如$Cl^-$稳定，最高含量也远低于$Cl^-$。

### 4．重碳酸根离子（$HCO_3^-$）

地下水中的 $HCO_3^-$ 有几个来源。首先来自含碳酸盐的沉积岩与变质岩：

$$CaCO_3+H_2O+CO_2 \rightarrow 2HCO_3^-+Ca^{2+} \tag{3-15}$$

$$MgCO_3+H_2O+CO_2 \rightarrow 2HCO_3^-+Mg^{2+} \tag{3-16}$$

$CaCO_3$ 和 $MgCO_3$ 是难溶于水的，当水中有 $CO_2$ 存在时，才有一定数量溶解于水。

岩浆岩与变质岩地区，$HCO_3^-$ 主要来自铝硅酸盐矿物的风化溶解，地下水中 $HCO_3^-$ 的含量一般不超过数百毫克 / 升，$HCO_3^-$ 几乎总是低 TDS 水的主要阴离子成分。

### 5．钠离子（$Na^+$）

在低 TDS 水中 $Na^+$ 的含量一般很低，仅数毫克 / 升到数十毫克 / 升，但在高 TOS 水中则是主要的阳离子，其含量最高可达数十克 / 升。

$Na^+$ 来自沉积岩中岩盐及其他钠盐的溶解，还可来自海水。在岩浆岩和变质岩地区，则来自含钠矿物的风化溶解。酸性岩浆岩中有大量含钠矿物，如钠长石；因此，在 $CO_2$ 和 $H_2O$ 的参与下，将形成低 TDS 的以 $Na^+$ 及 $HCO_3^-$ 为主的地下水。由于 $Na_2CO_3$ 的溶解度比较大，故当阳离子以 $Na^+$ 为主时，水中 $HCO_3^-$ 的含量可超过与 $Ca^{2+}$ 伴生时的上限。

### 6．钾离子（$K^+$）

$K^+$ 的来源以及在地下水中的分布特点，与 $Na^+$ 相近。它来自含钾盐类沉积岩的溶解，以及岩浆岩、变质岩中含钾矿物的风化溶解。在低 TDS 中含量甚微，而在高 TDS 水中含量较高。虽然在地壳中钾的含量与钠相近，钾盐的溶解度也相当大，但是，在地下水中 $K^+$ 的含量要比 $Na^+$ 少得多。原因是 $K^+$ 大量地参与形成不溶于水的次生矿物（水云母、蒙脱石、绢云母），并易被植物摄取。由于 $K^+$ 的性质与 $Na^+$ 相近，含量少，所以，在水化学分类时，大多时候将 $K^+$ 归并到 $Na^+$ 中，不另区分。

### 7．钙离子（$Ca^{2+}$）

$Ca^{2+}$ 是低 TDS 地下水中的主要阳离子，其含量一般不超过数百毫克 / 升。在高 TDS 水中，当阴离子主要是 $Cl^-$ 时，因 $CaCl^2$ 的溶解度相当大，故 $Ca^{2+}$ 的绝对含量显著增大，但通常仍远低于 $Na^+$。

地下水中的 $Ca^{2+}$ 来源于碳酸盐类沉积物及含石膏沉积物的溶解，以及岩浆岩、变质岩中含钙矿物的风化溶解。

### 8. 镁离子（$Mg^{2+}$）

$Mg^{2+}$ 的来源及其在地下水中的分布与 $Ca^{2+}$ 相近，来源于含镁的碳酸盐类沉积（白云岩、泥灰岩）；此外，还来自岩浆岩、变质岩中含镁矿物的风化溶解。

$Mg^{2+}$ 在低 TDS 水中含量通常较 $Ca^{2+}$ 少，不构成地下水中的主要离子，部分原因是地壳组成中 $Mg^{2+}$ 含量比 $Ca^{2+}$ 少；碱性岩浆岩中的地下水中，$Mg^{2+}$ 含量较高。

### （三）地下水中的同位素组分

具有相同质子数、不同中子数的同一元素的不同核素，互为同位素（isotope）。

地下水中存在多种同位素，最有意义的是氢（1H、2H、3H）、氧（16O、17O、18O）和碳（12C、13C、14C）的同位素。

氘（2H 或 D）及氧 -18（18O）是常见氢、氧稳定同位素，由于质量不同，在状态转化时发生分馏。例如，蒸发时重同位素（2H、18O）不易逸出，在液态水中相对富集；凝结时，液态水中也富集重同位素。因此，降水中氢、氧重同位素丰度的分布存在多种效应。例如，高度效应指 2H、18O。等重同位素丰度有随降水高度而降低的规律。利用高度效应，可以判断取样点地下水的补给高度与来源。大陆效应是指重同位素丰度有随远离水汽来源的海洋而降低的趋势。

氚（3H）及碳 -14（14C）是常见的放射性同位素，半衰期分别为 12. 321 年及 5730 年。利用地下水中氚及碳 -14 含量，可以求得地下水平均贮留时间（年龄）。需要注意的是，地下水 14C 测年，必须确定进入地下水的 14C 初始浓度，还要考虑不含 14C 的化石碳（“死碳”）溶入水中导致 14C 的稀释，进行校正；同时，取样也容易造成误差。因此，地下水 14C 测年的精度不高，得出的是地下水的视年龄（apparent age），而非真实年龄。

同位素方法发展十分迅速，已经成为水文地质学不可缺少的技术手段。

## 三、人类活动对地下水化学成分的影响

随着社会生产力与人口的增长，人类活动对地下水化学成分的影响愈来愈大。一方面，人类生活与生产活动产生的废弃物污染地下水；另一方面，人为作用大规模地改变了地下水形成条件，从而使地下水化学成分发生变化。

工业产生的废气、废水与废渣，以及农业上大量使用化肥农药，使天然地下水富集了原来含量很低的有害物质，如酚类化合物、氰化物、汞、砷、铬、亚硝酸等。

人为作用通过改变形成条件而使地下水水质变化表现在以下各方面：滨海地区过量

开采地下水引起海水入侵，不合理地打井采水使咸水运移，这两种情况都会使淡含水层变咸。干旱半干旱地区不合理地引入地表水灌溉，会使浅层地下水位上升，引起大面积次生盐渍化，并使浅层地下水变咸。原来分布地下咸水的地区，通过挖渠打井，降低地下水位，使原来主要排泄途径由蒸发改为径流，从而逐步使地下水水质淡化。在这些地区，通过引入区外淡地表水，以合理的方式补给地下水，也可使地下水变淡。

人类干预自然的能力正在迅速增强，因此，防止人类活动对地下水水质的不利影响，采用人为措施使地下水水质向有利方向演变愈来愈重要了。

# 第四章 地下水的补给、排泄与径流

## 第一节 地下水的补给

含水层或含水系统从外界获得水量的过程称作补给。补给除了获得水量，还获得一定盐量或热量，从而使含水层或含水系统的水化学与水温发生变化。补给获得水量，抬高地下水位，增加了势能，使地下水保持不停地流动。由于构造封闭，或由于气候干旱，地下水长期得不到补给，便将停滞而不流动；补给的研究包括补给来源、补给条件与补给量。地下水的补给来源有大气降水、地表水、凝结水，来自其他含水层或含水系统的水等。与人类活动有关的地下水补给有灌溉回归水、水库渗漏水，以及专门性的人工补给。

### 一、大气降水的补给

#### （一）大气降水的入渗过程与机制

松散沉积的包气带中含有土颗粒、空气和水。在这样的三相体系中，水的运动是相当复杂的。至今研究人员对降水入渗的机制还没有完全弄清楚。下面以松散沉积物为例，讨论降水入渗补给地下水。

降雨初期，如果土壤相当干燥，其吸收降水的能力则很强。重力、颗粒表面的吸引力及细小孔隙中的毛细力，都力促水分渗入土层。渗入的水分被颗粒表面所吸引，形成结合水，被吸入细小的毛细空隙，形成悬挂毛细水。因此，雨季初期的降雨，几乎全部都保留于包气带中，很少甚至根本不补给地下水。

包气带中结合水及悬挂毛细水达到极限以后，土壤吸收降水的能力便显著下降。继续降雨，雨水在重力作用下，通过静水压力传递（包括通过气塞传递压力），降雨后几乎立即引起地下水位抬高。

目前认为，松散沉积物中的降水入渗存在活塞式与捷径式两种方式。

活塞式下渗：此方式是在对均质砂进行室内入渗模拟试验的基础上提出。简言之，这种入渗方式是入渗水的湿锋面整体向下推进，犹如活塞的运移。

就地表接受降雨入渗的能力而言，初期较大，逐渐变小趋于一个定值。降雨初期，由于表土干燥，毛细负压很大，毛细负压与重力共同使水下渗，此时包气带的入渗能力很强。随着降雨延续，湿锋面推进到地下一定深度，相对于重力水力梯度，毛细水力梯度逐渐变小，入渗速率逐渐趋于某一定值。在降雨强度超过地表入渗能力时，便将产生地表坡流。

活塞式下渗是在理想的均质土中室内试验得出的。实际上，从微观的角度看，并不存在均质土。尤其是黏性土，除粒间孔隙与颗粒集合体内和颗粒集合体间的孔隙外，还存在根孔、虫孔与裂缝等大的孔隙通道。在黏性土中，捷径式入渗往往十分普遍。

捷径式下渗与活塞式下渗比较，主要有两点不同：

（1）活塞式下渗是“年龄较新”的水推动其下“年龄较老”的水，始终是“老”水先到达含水层；捷径式下渗时“新”水可以超前于“老”水达到含水层。

（2）对于捷径式下渗，入渗水不必全部补充包气带水分亏缺，即可下渗补给含水层。

这两点对于分析污染物质在包气带的运移很有意义。

我们认为，在砂砾质土中主要为活塞式下渗，而在黏性土中则活塞式与捷径式下渗同时发生。

（二）影响降水补给的因素

影响降水补给的因素有降水性质、包气带的岩性与厚度、地形、植被等都影响大气降水对含水层的补给。

落到地面的降雨，归根结底有三个去向：转化为地表径流、腾发返回大气圈、下渗补给含水层。地面吸收降水的能力是有限的，强度超过入渗能力的那部分降雨便转化为地表径流。

渗入地面以下的水，不等于补给含水层的水。其中相当一部分将滞留于包气带中构成土壤水，通过土面蒸发与叶面蒸腾的方式从包气带水直接转化为大气水。以土壤水形式滞留于包气带并最终返回大气圈的水量相当大。我国华北平原总降水量有 70% 以上转化为土壤水。

土壤水的消耗（干旱季节以及雨季间歇期的蒸发与蒸腾）造成土壤水分亏缺，而降

水必须补足全部水分亏缺（在捷径式下渗情况下降水必须补足水分亏缺的大部分）后方能补给地下水。由此可见，雨季滞留于包气带的那部分水量，相当于全年支持毛细带以上包气带水的蒸发蒸腾量。

入渗水补足水分亏缺后，其余部分继续下渗，达到含水层时，构成地下水的补给。因此，平原地区降水入渗补给地下水水量为：

$$q_x = X - D - \Delta S \tag{4-1}$$

式中：

$q_x$——降水入渗补给含水层的量；

$X$——年总降水量；

$D$——地表径流里；

$\Delta S$——包气带水分滞留量，即水分亏缺。以上各项均以水柱的毫米数表示。

令 $q_x / x = a$， $a$ 称为降水入渗系数，即每年总降水量补给地下水的份额，常以小数表示。 $a$ 通常变化于 0.2 ～ 0.5，西南岩溶地区 $a$ 可高达 0.8 以上，西北极端干旱的间盆地则趋于零。

由于降水量中相当一部分要补足水分亏缺，因此年降水量过小时，能够补给地下水的有效降水量就很小；年降水量大则有利于补给地下水， $a$ 值较大。

降水特征也影响 $a$ 值的大小。间歇性的小雨很可能只湿润土壤表层而经由蒸发及蒸腾返回大气，不构成地下水的有效补给。过分集中的暴雨则又可能因降水强度超过地面入渗能力而部分转化为地表径流，使 $a$ 值偏低。

包气带渗透性好，有利于降水入渗补给。包气带厚度过大（潜水埋深过大），则包气带滞留的水分也大，不利于地下水的补给。但潜水埋藏过浅，毛细饱和带达到地面，也不利于降水入渗。当降水强度超过地面入渗速率时，地形坡度大会使地表坡流迅速流走，使地表径流增加。平缓与局部低洼的地势，有利于滞积表流，增加降水入渗的份额。

森林、草地可滞留地表坡流与保护土壤结构，这方面有利于降水入渗。但是浓密的植被，尤其是农作物，以蒸腾方式强烈消耗包气水，造成大量水分亏缺。尤其在气候干旱的地区，农作物复种指数的提高，会使降水补给地下水的份额明显降低。

我们应当注意，影响降水入渗补给地下水的因素是相互制约、互为条件的整体，不能孤立地割裂开来加以分析。例如，强烈岩溶化地区，即使地形陡峻，地下水位埋深达数百米，由于包气带渗透性极强，连续集中的暴雨也可以全部吸收，有时 $a$ 值可达 70% ～ 90%。又如，地下水位埋深较大的平原、盆地，经过长期干旱后，一般强度的降水不足以补偿水分亏缺。这时候，集中的暴雨反而可成为地下水的有效补给来源。

所有上述因素中，经常起主要作用的是降水量和包气带的岩性与厚度。

## 二、地表水的补给

地表水体包括河流、湖泊、海洋、水库等，都可补给地下水，现以河流为例进行分析。一般山地河流、河谷深切，河流水位常低于地下水位，故河流排泄地下水。

山前地带，河流堆积，地面高程较大，河流水位常高于地下水位，故河水补给地下水。大型河流的中下游，常由于河床堆积成为地上河（黄河），也是河水补给地下水。

河流与地下水之间的补给，取决于河流水位与地下水位的关系，这种关系沿着河流纵断面有所变化。山区河流深切，河流水位常年低于地下水位，起排泄地下水的作用。进入山前，堆积作用加强，河床位置抬高，而地下水埋藏深度大，故河水经常补给地下水。冲积平原上部，河水位与地下水位接近，汛期河水补给地下水，非汛期地下水补给河水。到了冲积平原中下部，由于强烈的堆积，多形成所谓“地上河”，因此河水多半补给地下水。

河流补给地下水时，补给量的大小取决于下列因素：河床的透水性、河流与地下水有联系部分的长度及河床湿周（浸水周界）、河水位与地下水位的高差，以及河床过水时间的长短。

河床透水性对补给地下水影响很大。岩溶发育地区往往整条河流转入地下。由卵砾石组成的山前洪积扇上缘，地表水呈辐射状散流，渗漏量相当大。当河床与下伏含水层之间存在隔水层时，尽管河水很多，对地下水的补给却很少。河道越是宽广，河水位越高，河床湿周便越长，越有利于补给地下水。

我国北方的河流大多是间歇性的，每年仅在一两个月的汛期中有水。汛前，河床以下的包气带含水不足，初汛来临，河水浸湿包气带，并垂直下渗；开始，河水与地下水并不相连，下渗水及地下水面凸起。随着地下水面抬高，地表水与地下水连成一体，被抬高的地下水面向外扩展，河水渗漏量变小。河水撤走后，地下水位趋平，使一定范围内地下水位普遍抬高。应当注意，河水的渗漏量有一部分是消耗于补充包气带温度的河流过水时间不长，且河床由细粒物质组成时，这部分水可占相当大的比例。这种情况下，

不能简单地把河水渗漏量当作补给地下水的量。

地表水对地下水的补给，与大气降水不同：后者是面状补给，普遍而均匀；前者是线状补给，局限于地表水体的周边。地表水体附近的地下水，既接受降水补给，又接受地表水的补给，经开采后与地表水的高差加大，可使地下水得到更多的增补。因此，一般来说，河流附近的地下水比较丰富。

干旱地区的平原或盆地，降水稀少，对地下水补给往往微不足道。在这里，发源于山区的河流，或者由于高山冰雪融化，或者由于高山降水，水量比较充沛，因此常成为地下水主要的甚至是唯一的补给来源。

潜水和承压水含水层，接受降水及地表水补给的条件不同。潜水在整个含水层分布面积上都能直接接受补给，而承压水仅在含水层出露于地表或与地表连通处方能获得补给。因此，地质构造与地形的配合关系，对承压含水层的补给影响极大。含水层出露于地形高处，充其量只能得到出露范围（补给区）大气降水的补给；出露于低处，则整个汇水范围内的降水都有可能汇集补充。切穿承压含水层隔水顶板的导水断层，在有利的地形条件下，也能将大范围内的降水引入含水层。汇水区的大小也影响潜水含水层接受补给。

## 三、大气降水及地表水补给地下水的水量确定

确定大气降水及地表水补给地下水的量，目前采用的方法，有的较为精确，但是比较繁杂，不易做到；有的较为简捷，但精度较差。在此主要介绍较为易行的几种方法。

一般，平原地区分别求降水及地表水对地下水的补给量，山区则统一求算。

### （一）平原地区降水入渗量的确定

专门装备的地学渗透仪可用于测定降水入渗。根据所研究地区的情况，可在不同器皿中配置不同的包气带岩性剖面，并人为控制地下水位埋深，以便测得不同情况下的降水入渗量。还可以通过观察天然的地下水位变化幅度求降水入渗量。在不受开采及地表水影响、地下适流微弱的地方，选择包气带岩性及地下水位埋深有代表的地段，布置观测井，观测降水期间地下水位抬升值 $\Delta h$ ，测定水位变幅带的给水度（饱和差）$u$ 。则降水入渗量 $Qx = u \cdot \Delta h \cdot F$ ，式中 $F$ 为观测井所代表的地段的面积。

上述直接测定法比较精确，但工作量比较大，观测结果仅能说明观测年份的降水入渗量。因此，常依据实测资料计算降水入渗系数，利用已知关系外推。

降水入渗系数$a$是一年内降水入渗值$q_x$与降水量$x$的比值，即$a=\left(q_x/x\right)$，式中$q_x$及$x$均以水柱高度毫米数表示，故$a$是无名小数（或百分数）。

地中渗透仪可直接测得$q_x$，根据地下水位变幅$\Delta h$求$q_x$时，$q_x=u\cdot\Delta h$。利用不同年份的降水量（$x_1$，$x_2$，$x_3\cdots\cdots x_a$）及降水入渗值（$q_{x1}$，$q_{x2}$，$q_{x3}\cdots\cdots q_{xn}$），可求得相应降水入渗系数（$a_1$，$a_2$，$a_3\cdots\cdots a_4$）。得到$x$与$a$的关系曲线。此关系可应用于条件相近的地区。

（二）平原地区地表水渗漏量的确定

最简单的情况下，可通过实测河流流量变化来确定。在预计河流发生渗漏的上下游各测一断面流量，分别为$Q_1$及$Q_2$，则地表水渗漏量$Q_d=Q_1-Q_2$，此即为地表水补给地下水量。如涉及间歇性洪水，则消耗于包气带的水量占相当比例，误差较大。

为精确地测定地表水对地下水的补给量，可在垂直河流一侧打一排观测孔进行观测。补给量由两部分组成，一部分表现为地下水位抬升，即$q_1=u\cdot\Delta h$；另一部分系地下径流量，即$q_2=K\omega I$。总的地表水入渗补给量$Q_d=\left(q_1+q_2\right)\cdot 2l$，式中$l$是渗漏河段长度。由于费工费事，此法一般很少采用。

（三）山区降水及河水入渗量的确定

大气水、地表水、地下水三者经常转换，单独求算大气降水入渗量，因地形和岩性复杂而难以实现。一般山区地下水埋深较大，蒸发作用可以忽略，故常依测得某一流域的地下水排泄量来代替大气降水入渗量。

（1）若该山地没有河水外排，只有泉或泉群排泄地下水，即可用所有泉水流量之和作为地下水的排泄量，即大气降水入渗补给地下水的量。

（2）干旱季节，常年流水河中没有地表径流注入，则河流中的流量皆由地下水提供，称之为基流量。该基流量就是流域内地下水的排泄量。即干旱季节河流的基流量就是大气降水入渗补给地下水的量（基流量可由测流法获得）。

（3）当流域内地下水分散排泄时，由于排泄点甚多，测起来很困难，则可用分割河水流量过程线的方法求得全年地下水的排泄量，以此代表大气降水补给地下水的量。其中最简单的方法是：流量过程线的直线分割法。具体方法如下：

在控制研究区域的河流断面上，定期测定河流流量，即可作出全年流量过程线，即流量随时间的变化曲线。

从流量过程线的起涨点 A 引水平线交退水段的 B 点，则 AB 线与时间轴所围定的部

分就相当于地下水的排泄量，即剔除了由洪水期地表径流流入河中的水量，剩下的就是由地下水提供的基流量（大气降水入渗补给量，即$Q_{基}=Q_{补}$）。

山区的大气降水入渗系数是全年降水及地表水入渗总量与降水量的比值：

$$a=\frac{Q}{F\cdot x\cdot 1000} \tag{4-2}$$

式中：

$Q$——大气降水及地表水入渗总量，可用全年泉水量或地下水泄流量代表（$m^3$）；

$F$——大气降水汇水面积（$km^2$）；

$x$——年降水量（mm）。

全区测定不方便时，可选择有代表性的地段，测得相应的$Q$、$F$、$x$值。然后再用$a$值，及全区的$F$、$x$值，反求全区的$Q$值，即$Q=x\cdot a\cdot F\cdot 1000$。

## 四、凝结水的补给

在某些地方，水汽的凝结对地下水补给有一定意义。

单位体积空气中实际所包含的气态水量叫作空气的绝对湿度，以$g/m^2$为单位。某一温度下，空气中可能容纳的最大的气态水量，称作饱和湿度，也以$g/m^2$为单位。饱和湿度是随温度而变的，温度越高，空气中所能容纳的气态水越多，饱和湿度便越大。

温度降低时，饱和湿度随之降低，温度降到一定程度，空气中的绝对湿度与饱和湿度相等，温度继续下降，超过饱和湿度的那一部分水汽便将凝结成水。这种由气态水转化为液态水的过程称作凝结作用。

夏季的白天，大气和土壤都吸热增温；到夜晚，土壤散热快而大气散热慢。地温降到一定程度，在土壤孔隙中水汽达到饱和，凝结成水滴，绝对湿度随之降低。由于此时气温较高，地面大气的绝对湿度较土中为大，水汽由大气向土壤孔隙运动。如此不断补充，不断凝结，当形成足够的液滴状水时，便下渗补给地下水。

一般情况下，凝结形成的水相当有限。但是，高山、沙漠等昼夜温差大的地方（撒哈拉大沙漠昼夜温差大于50℃），凝结作用对地下水补给的作用不能忽视。据报道，我国内蒙古沙漠地带，在风成细沙中不同深度均有水汽凝结。

## 五、含水层之间的补给

在松散沉积物中，黏性土层构成半含水半隔水层。一方面含水层之间可通过黏性土层中的“天窗”发生联系。例如，冲积物中前后两期古河道叠置的地方，就可以构成这种天窗。即使没有“天窗”，当上下含水层有足够的水头差时，水头高的含水层可以通过半隔水层越流补给水头较低的一层。当然，半隔水层越薄，隔水性能越弱，两层水头差越大，则越流补给量便越大。单位面积上的越流补给量是比较小的，但是由于其补给面积很大，因此总量是相当可观的。

基岩构成的隔水层也可能有天窗。但在一般情况下，基岩隔水层比较稳定，隔水性能较好。因此，切穿隔水层的导水断层，往往是其主要补给通路。断层的导水能力越强（透水性好、宽度大、延伸远），含水层之间水头差越大，而距离越近，则补给量越大。

穿过数个含水层的采水孔，可以人为地使水头较高的含水层补给水头较低的一层。分层开采的钻孔，如果止水不良，也会使含水层发生水力联系。承压水与潜水之间也会互相产生补给。相邻含水层通过其间的弱透水层发生水量交换，称作越流。越流经常发生于松散沉积物中，黏性土层构成弱透水层。越流补给量的大小，也可用达西定律进行分析。相邻含水层之间水头差越大，弱透水层厚度越小而其垂向透水性越好，则单位面积越流量便越大。

传统上人们把隔水层绝对化，看作完全不透水的，直到 20 世纪 40 年代越流现象才被认识。但是，越流概念提出之后，人们仍然倾向于低估越流量。其实，尽管弱透水层的垂向渗透系数相当小（可能比含水层小若干数量级），但是，由于驱动越流的水力梯度往往比水平流动的大上 2 ～ 3 个数量级，产生越流的面积（全部弱透水层分布范围）更比含水层的过水断面大得多，对于松散沉积物构成的含水系统，越流补给量往往会大于含水层侧向流入量。对于松散沉积物中地下水水量与水质的形成，忽略越流往往无法正确加以解释。但是，迄今为止，对于越流现象的普遍性，对于越流的意义，仍然缺乏足够的认识。

查明含水层之间的补给关系及其联系程度是很有实际意义的。为供水目的利用某一含水层时，如果该含水层从其他含水层获得补给，则可开采利用的水量将有所增加。对此含水层排水时，如果不考虑这种联系，可能做出错误的排水设计，达不到预期的排水效果。

## 六、地下水的其他补给来源

除了上述补给来源，地下水还可从人类无意与有意的某些活动中得到补给。地下水的其他补给来源，包括灌溉水、工业及生活废水的补给，以及专门的人工补给等。实际上，

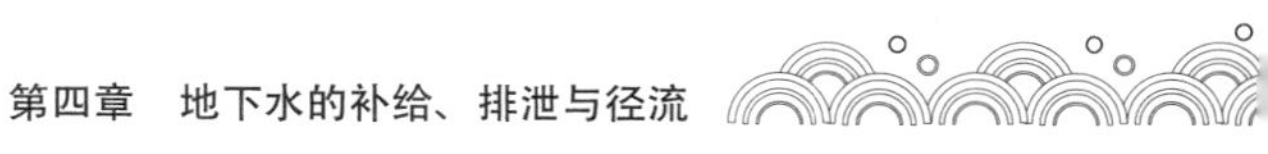

这些都属于人工补给，只不过前两者本意并不在于补充含水层的水量而已。

利用地表水灌溉农田时，渠道渗漏及田面渗漏常使浅层地下水获得大量补给。灌溉渠道的渗漏与地表水补给相似，为线状补给；由于灌渠比河道密集得多，有时还采用半填半挖的地上渠自流灌溉，因此渗漏的比例相当大。进入田间的水量与渠道总输水量的比值称作渠系水有效利用系数，以小数表示。大型的灌溉系统，渠系水有效利用系数为 0.4 ～ 0.6，即输水损失将近一半。输水损失部分，除了蒸发消耗及湿润包气带损耗的水量，其余部分均补给地下水。

灌水田间渗漏，近似大气降水的补给，属面状补给。随着耕作情况，亩次灌水量（灌水定额）及灌水方式不同，渗漏水量很不相同。喷灌亩次灌水量不到 20 立方米，灌水几乎全部保持于耕层中，不发生向深部的渗漏。小畦灌溉亩次灌水量 30 立方米左右，渗漏补给地下的水量也不大。在不平整的四面上进行淹灌，亩次灌水量最大可达 80 ～ 100 立方米，渗漏补给地下水的量就相当可观了。习惯上将渗漏补给地下水的那部分灌溉水称作灌溉回归水。地表水灌溉地区，如同时开发潜水作为灌溉水源，则灌溉回归水是属于可回收的增补地下水资源。否则，则可能引起地下水位逐年上升，导致土壤次生的沼泽化或盐渍化。

补给过程中，地下水在获得水量的同时，也相应地获得盐分，从而使其水质发生变化。一般情况下，大气降水、河水、水库的水总要比同一地区地下水含盐量低。因此，这类水的补给通常起着淡化、改善水质的作用。干旱地区的潜水处于不断盐化的过程中，只有经常能获得淡水的地方，潜水才是淡的。在这里，寻找淡水的关键是分析补给条件。河流两侧、间歇性集水洼地、灌溉渠道两侧，往往是淡的潜水分布的部位。在含水层水质不良时（含盐量过高或轻度受污染时），可以通过人为增加淡水补给以改善水质。

## 第二节　地下水的排泄

含水层失去水量的作用过程称作排泄。在排泄过程中，含水层的水质也发生相应变化。研究含水层的排泄应包括排泄去路及方式、影响排泄的因素及排泄量。地下水通过泉（点状排泄）向河流泄流（线状排泄）及蒸发（面状排泄）等形式向外界排泄。此外，一个含水层中的水可向另一个含水层排泄。此时，对后者来说，即是从前者获得补给。用井开发地下水或用钻孔、渠道排除地下水，都属于地下水的人工排泄。

蒸发排泄仅耗失水量，盐分仍留在地下水中。其他种类的排泄，都属于径流排泄，盐分随同水分同时排走。过去曾经把蒸发排泄称作垂直排泄，而将其他种类的排泄称为水平排泄。这种划分并不恰当，因为含水层的越流排泄也是垂直进行的。

## 一、泉

在地形面与含水层或含水通道相交点，地下水出露成泉。山区及丘陵的沟谷与坡脚，常常可以见到泉，而在平原地区很少有。

按照补给泉的含水层的性质，可将泉分为上升泉及下降泉两大类。上升泉由承压含水层补给，水流在压力作用下呈上升运动。下降泉由潜水或上层滞水补给，水流做下降运动。必须仔细分析补给泉的含水层加以判断，仅仅根据泉口附近水是否冒涌来判断是上升泉或下降泉，那是不合适的。当潜水受阻溢流于地表时，泉口附近的水流也可局部地显示上升运动；反之，通过松散覆盖物出露的上升泉，泉口附近的水流也可能是呈下降运动的。

根据出露原因，下降泉可分为侵蚀泉、接触泉与溢流泉。沟谷切割揭露潜水含水层时，形成侵蚀（下降）泉。地形切割达到含水层隔水底板时，地下水被迫从两层接触处出露成泉，这便是接触泉。大的沿坡体前线常有泉出露，这是由于滑坡体本身岩体破碎、透水性良好，而滑坡床相对隔水，实质上也是一种接触泉。当潜水流前方透水性急剧变弱或由于隔水底板隆起，潜水流动受阻而涌溢于地表成泉，这便是溢流泉。

上升泉按其出露原因可分为侵蚀（上升）泉、断层泉及接触带泉。当河流、冲沟等切穿了承压含水层的隔水顶板时，形成侵蚀（上升）泉。地下水沿导水断层上升，在地面高程低于测压水位处，涌溢地表，便成为断层泉。在岩脉或侵入体与围岩接触带，常因冷凝收缩而产生隙缝，地下水沿此类接触带上升成泉，就叫作接触带泉。

在地形、地质、水文地质条件十分巧妙的配合下，才可能出现成群的大泉。举世闻名的泉城济南，在 2.6$km^2$ 范围内出露 106 个泉，其总涌水量最大时达到 5$m^3/s$。济南市向南，为寒武奥陶系构成的单斜山区，地形与构造均向济南市方向倾落，市区北侧为闪长岩及辉长岩侵入体，奥陶纪灰岩呈舌状为闪长岩及辉长岩所包围。透水性良好的灰岩接受大范围降水的补给，丰富的地下水汇流于济南市的东南，受到岩浆岩组成的口袋状“地下堤坝”的阻挡，被迫出露，有的从接触带灰岩中溢出，有的经岩浆岩体的裂隙上升，通过厚近 20m 的松散覆盖层，出露成为大小泉群，造成“家家泉水”的奇观。

泉是地下水的天然露头。与地貌、地质条件结合起来，仔细地研究泉，对于山区水

文地质调查有着头等重要的意义。

确定岩层含水性，是水文地质调查的一项基本任务。泉直接从基岩出露时，仔细观测出露口，可以弄清不同成因类型裂隙的导水程度。第四纪沉积厚度不大时，可通过泉的分布判断被掩盖的地层界线与构造线。

## 二、泄流

地下水也可以泄流方式线状排入河流。地下水位与河水位的高差越大，含水层透水性越好，河床断面揭露的含水层的面积越大，则泄流量也越大。由于泄流不像泉那么集中，因此地下泄流量不好直接测定。

在河流上设立水文站，按一定时间间隔测定河水流量，便可得到流量过程线。常年有水的河流，其流量由两部分组成：一部分是洪峰，是流域内降水汇聚形成；另一部分是基流，系地下水补给形成的。因此，通过分割流量过程线，可以求得地下水泄流量。

在流量过程线上，找到起涨前流量稳定的 A 点，以及退水后流量趋于稳定的 B 点，AB 连线，其以下部分即为地下水泄流量。但是，这种直线分割法不能完全反映真实情况。当潜水与河水无直接水力联系时，降雨以后，随着降雨入渗，潜水位抬高，实际泄流量将大于图上分割量。当潜水与河水有直接水力联系时，降雨后河水位抬高，使地下水泄流量减少，甚至发生反补给，按直线分割的地下泄流量将偏大。实际上，只有当基流由承压水补给时，直线分割法才是合适的。当然，精度要求不高时，也可利用它大略估计地下水泄流量。

潜水与河水无直接水力联系时，可利用标准退水曲线分割流量过程线。一次洪水过程线可划分为涨水段、峰段及退水段三部分。退水初期，流量由上游河网蓄水消退、潜水消退及承压水补给所构成，而以河网蓄水消退为主；到后期，则完全由地下水泄流所组成；完全由地下水泄流组成的退水曲线即称作标准退水曲线。

用作图法求标准退水曲线时，可选取若干个流量过程线的退水段，采用同一纵横比例尺，横轴重合，左右移动，使退水曲线尾部达到最大重合，作下包线，即得标准退水曲线。

河水与潜水有直接水力联系时，则用库捷林法分割流量过程线。洪峰时期河水位抬高，可近似地认为地下水泄流量等于零。但是，在起涨点以前已流入河中的地下水不可能立即流出出口断面。

## 三、蒸发

地下水的蒸发排泄包括土面蒸发及叶面蒸发两种。

（一）土面蒸发

地下水沿潜水面上的毛细孔隙上升，形成一个毛细水带，当潜水埋藏不很深时，毛细水带上缘离地面较近；大气相对湿度较低时，毛细弯液面上的水不断由液态转为气态，逸入大气，潜水则源源不断通过毛细作用上升补给，使蒸发不断进行。水分蒸发的结果，使盐分滞留浓集于毛细带的上缘。降雨时，部分盐分淋溶重新进入潜水。因此，强烈的蒸发排泄将使土壤及地下水不断盐化。

影响土面蒸发的主要因素是气候、潜水埋藏深度及包气带岩性。

气候越干燥，相对湿度越小，土面蒸发便越强烈。如我国西北地区的山间盆地，相对湿度经常小于 50%，潜水矿化度可达 100g/L 以上；而相对湿度达 80% 以上的川西平原，虽然潜水埋藏很浅，但矿化度还不到 0. 5g/L。

潜水埋深对土面蒸发的影响。埋深越浅，土面蒸发越大。根据曲线估计，河北石家庄地区埋深大于 5m 时，潜水蒸发即趋近于零。但在干燥炎热的气候下，潜水埋深为十几米或更大时，蒸发仍相当显著。

包气带岩性主要通过其对毛细上升高度与速度的控制作用而影响潜水蒸发。粗粒的砂毛细上升高度小，亚黏土、黏土中毛细上升速度慢（按照另一种看法，后一类土中主要是结合水的薄膜状运动，上升速度当然就更缓慢了）都不利于土面蒸发；亚砂土、粉土等组成包气带时，由于毛细上升高度大，可产生较大的水力坡度，而其渗透系数又有一定数值，故其毛细上升速度最大，土面蒸发最为强烈。

（二）叶面蒸发

植物在生长过程中，经由根系吸收水分，并通过叶面蒸发逸失。叶面蒸发也称作蒸腾。

通过盆栽试验（把植株根部插在有水的器皿内，皿口盖住，以防水面蒸发，并观察由于叶面蒸发引起的水位降低），可以确定作物的蒸腾量。每生成单位重量小麦籽粒，需要消耗 1200 ～ 1300 倍的水量。植被繁茂的土壤全年的蒸发量约为裸露土壤的两倍，个别情况下甚至超过露天水面蒸发量。

叶面蒸发只消耗水分而不带走盐类。植物根系吸收水分时，也吸收一部分溶解盐类，但是，只有喜盐植物才能吸收较大量的盐分。

成年树木的耗水能力相当大。一棵 15 年的柳树每年可消耗 90m$^3$ 以上的水。苏联饥饿草原、灌渠林带排水影响范围可达 200m，潜水位下降最多达 1. 6m。因此，可在渠边

植树代替截渗沟，以消除由于地下水位上升而引起的土壤次生盐渍化。

## 四、土壤沼泽化与盐渍化

### （一）土壤的沼泽化

土壤长期处于过湿状态，以致地表滞水，植物遗体因氧化不完全而形成泥炭层堆积下来，便形成沼泽。土壤经常处于过湿状态而未发育泥炭层的，则称为沼泽化地段。

沼泽或沼泽化地段，不利于建筑道路和房屋，在未进行治理前，也不宜于农业垦殖。

在特定的自然地理、地质、水文地质条件下，土壤及地表水分滞积，才形成沼泽或湿地。按补给水源，可以区分为主要由大气降水补给的、主要由地表水补给的、主要由地下水补给的及混合补给的沼泽四种。主要由大气降水补给的沼泽，通常分布于位置较高的河间地带，由于表土透水性不好（如黏土、亚黏土），地形为封闭或半封闭的洼地，有较充足的降水补给时，土壤中水分滞留而形成沼泽。

地势低洼，或地下水流动受阻，潜水面接近地表的地方，可形成潜水补给的沼泽。河流中下游的宽缓河谷，冲积平原下游的河间地带，滨湖、滨海地区，冲洪积扇溢出带的沼泽多属此类。

不少沼泽接受各种水源的混合补给。例如，河谷地带的沼泽，除常年接受地下水补给外，汛期还从河水泛滥获得补给。

三江平原是我国沼泽最发育的地区之一。这里年降水量为 500 ～ 600mm。在近期以沉降为主的新构造运动控制下，形成了许多洼地；平原浅部普遍覆盖一层亚黏土及黏土，地下水埋藏不深，并发育有多年冻土；因此，水分入溶与径流的条件都很差。地势较高的地带及一级阶地上，多发育大气降水补给为主的沼泽，河谷地带则为地下水及地表水共同补给的沼泽，另外有一些地方，潜水面上的毛细带接近地表，土壤含水过多，在降水及地表水补给下，很容易形成沼泽。

在平原地带由于修建水库及灌溉水的渗漏，都可能导致土壤过湿，引起次生沼泽化。治理沼泽的关键是排水，除了地表水，往往还需要排除潜水甚至承压水。

### （二）土壤的盐渍化

在比较干旱的气候条件下，由细粒土组成的平原、盆地中，埋藏不深的潜水强烈蒸发，盐分累积于土族，便导致土族的盐渍化。耕层累盐达到一定程度，作物生长明显受到抑制，重盐渍土上甚至寸草不生。

天然条件下，土壤盐分的运移存在着方向相反的两个过程：一个是积盐过程，地下水通过毛细上升蒸发，盐分累积于土壤层中；另一个是脱盐过程，水分通过包气带下渗，将土壤中的盐分溶解并淋洗到地下水中排走。

干旱的气候有利于积盐而不利于脱盐，湿润气候则相反。但在气候干旱的平原并非到处都发育盐渍土，潜水埋深较大、岩性较粗、地下径流较强的地方，以及经常汇水的低地，往往不发生或只发生轻微的盐渍化。因为这些地段或者不利于土壤积盐作用，或者有利于土壤脱盐。但如果出于灌溉、修建水库等原因使潜水位上升，则将加强积盐作用，而引起次生盐渍化。为了防治土壤盐渍化，应采取排水措施，降低地下水位，同时冲洗土壤，以减弱土壤积盐过程，加强脱盐过程。

### 五、人工排泄

在人类经济工程活动频繁的地区，人工开采地下水（供水、排水）往往成为地下水最主要的排泄方式。水资源危机和水环境问题多与人类过度开采地下水活动有关。

## 第三节　地下水的径流

地下水由补给区流向排泄区的作用过程称作径流。除某些构造封闭的自流水盆地及地势十分平坦地区的潜水外，地下水都处于不断的径流过程中。径流是联结补给与排泄的中间环节，通过径流，地下水的水量与盐量由补给区传送到排泄区，径流的强弱影响着含水层水量与水质的形成过程。研究地下水的径流应包括径流方向、径流强度、径流量等。

### 一、径流方向

在最简单的情况下，含水层自一个集中的补给区流向集中的排泄区，具有单一径流方向。实际上含水层大多具有较复杂的径流。以冲积平原中下游的潜水为例，在总的地势控制下，地下水总体上向下游方向运动，同时受局部地形的控制，从地形较高的地上河河道流向河间洼地。相应地，在这两个方向上都可观察到地下水矿化度沿径流方向增长、水型按一定序列变化。冲积平原深部的承压水，除由山前补给区向远山方向沿着含水层水平径流外，还有穿越含水层的垂直“径流”。后一种径流，既有纵向的，也有横向的。

地下水在补给区获得水量补给之后，通过径流到排泄区排泄。所以，地下水总的径

流方向是由补给区指向排泄区（由源指向汇）。但在某些局部地段，由于地形变化造成局部势源与势汇关系的差异，使得局部地下水径流方向与总体方向不一致。如在地下水的运动那一章河间地块流网图中，补给区分水岭处的地下水，先垂直向下，在排泄区又垂直向上流，中间地带近乎水平运动。再如，从井孔中抽水时，井孔周围的水流都指向井孔，呈向心状径流。又如，河北平原，在总的地势控制下，地下水从地形较高的西部太行山前向东部地势较低的渤海方向流。但在广阔的大平原的某些局部地段，会由于地形、地质—水文地质结构或含水系统的差异，使得地下水在遵循整体东流的基础上而发生变化。在地表河流或古河道裸露区，常常是大气降水补给地下水，水先向下流，然后叠加在东流的地下水流场中。近几十年来，人们用水量大增，某些地段过度开采地下水，形成若干大小不等的地下水降落漏斗，使天然的地下水流场（地下水系统）平衡被打破。为了达到并维持新的平衡，地下水系统的水头重新分布，使河北平原的某些部位的地下水径流方向发生改变，甚至变反。更有甚者会使补给区与排泄区易位。如以沧州市为中心的地下水降漏斗，中心部位水位降低数十米，周围地下水径流便向漏斗中心运动。

关于地下水径流方向问题的思维是：“水往低处流。”此处高低内涵有三（补给区—排泄区）：①地形的高低（高处—低处）；②水位（水头）的高低（高水头—低水头）；③重力势的高低（高势—低势，势源—势汇）。

在降水入渗之后就自然具有了这种重力势，它随着水的运动克服介质阻力做功消耗而减小，表现为水位（水头）降低。地下水在运动中，由源向汇，近汇者先至，先者径直；远汇者后至，后者径曲。

所以，研究地下水径流方向，应以地下水流网为工具，以重力势场及介质分析为基础，具体问题具体分析。

## 二、径流强度

含水层的径流强度，可用平均渗透流速来衡量。根据达西定律 V=KI，故径流强度与含水层的透水性，与补给区及排泄区之间的水位差成正比，而与补给区到排泄区距离成反比。

对于潜水来说，含水层透水性越好，地形高差越大，切割越强烈，大气降水补给越丰沛，则地下径流越发育。山区地下水的循环属于渗入—径流型，长期不断循环的结果，地下水向溶滤淡化方向发展。侵蚀基准面以上，径流量为强烈，向深部，随着径流的途径变长，径流变弱。干旱半干旱地区、地形低平的细土堆积平原，径流很弱。潜水只经过短暂的径流，便就地蒸发排泄了。在这里，地下水属于渗入—蒸发型循环，不断循环的结果就是水向浓缩盐化方向发展。

承压含水层的径流强度主要取决于构造开启程度。含水层出露部分越多、透水性越好，补给区到排泄区的距离越短，而两者的水位差越大，则径流强度越大，地下水溶滤淡化的趋势也就越明显。当然，气候越是湿润多雨，则补给区的水位抬高越大，径流强度也就越大。

断块构造盆地中的承压含水层，其径流条件取决于断层的导水性。当断层导水时，断层构成排泄通路，地下水由含水层出露地表部分的补给区，流向断层排泄区。当断层阻水时，排泄区位于含水层出露的地形最低点，与补给区相邻，承压区则在另一侧。此时，地下水沿含水层底侧向下流动，到一定深度后，再反向而上。显然，浅部径流强度大，向深处变弱。相应地，水的矿化度由露头处向下逐渐增大。同一含水层的不同部位，径流强度往往也不相同。例如，冲积平原中同一条古河道，中心砂粒粗，径流较强；边缘砂粒细，径流较弱。再如，裸露厚层灰岩，由于岩溶的差异性发育，形成地下水系与河间地块，不同部位径流强度的差别就更大了。径流强度的不同往往表现为水质的变化，反之，根据水质情况可以分析径流强度。

## 第四节　地下水天然补给量、排泄量与径流量的估算

### 一、山区地下水天然补给量、排泄量与径流量的估算

天然状态下地下水的补给量、排泄量与径流量之间的关系，在不同条件下是不一样的。

山区的潜水属于渗入—径流型循环，即水量基本上不消耗于蒸发，径流排泄可看作唯一的排泄方式。因此，各种水量的关系为：补给量 = 径流量 = 排泄量。由于排泄量较易确定，故可计算排泄量以获知各量。其步骤如下：

（1）如排泄以集中的泉或泉群形式出现，则测定泉的总流量，乘以相应时间，得全年排泄量。

（2）如排泄以向河流泄流形式出现，则通过分割河流流量过程线求得全年排泄量。

（3）查得含水层分布面积，求算地下径流模数或地下水补给模数。

（4）如有必要且资料允许时，可对各个含水层分别计算排泄量，并求分层的地下径流模数或地下水补给模数。

有通向邻区（平原或山间盆地）的隐蔽补给时，应利用专门手段查明，加入上述各项计算中。

## 二、平原及山间盆地地下水天然补给量、排泄量及径流量的估算

平原地区浅层水（潜水及浅部承压水）与深层承压水的循环型式不同，故应分别讨论。

（一）浅层水

平原浅层水接受降水及地表水入渗补给，部分消耗于蒸发，部分消耗于径流排泄，为渗入—蒸发、径流型循环。气候干旱，地势低平的地方，径流很弱，为渗入—蒸发型循环。因此：补给量 = 排泄量；径流量＜补给量（排泄量）。

平原中计算排泄量很困难，故可从计算补给量着手。在忽略深层水越流补给的前提下，可按以下步骤计算：

（1）求降水入渗量。

（2）求地表水入渗量。

（3）上述两项相加即为地下水总补给量。

（4）来自毗邻山区的地下水补给量不应加入，以免与山区计算重复。但如山区地下水不考虑利用，可将该水量加入平原地下水总补给量中。此时应沿山与平原交界线设断面，用达西定律计算流入水量。

（5）求不同地段地下水补给模数。

（6）地下径流量可利用达西定律求潜水流量获得，并据此求算地下径流模数。但应明确，平原地区的地下径流模数不能用来表征补给强度。

（二）深层承压水

平原松散沉积物中的深层承压水，其补给来源有：（1）山前冲洪积平原砾石带潜水的下渗；（2）毗邻山区的侧向补给；（3）来自深部基岩含水层的补给。其中第（1）项是主要的。一般情况下，将平原浅层水的补给量看作包括深层承压水在内的平原地下水总补给量，与实际出入不大。

平原深层承压水的排泄量与补给量相等。天然条件下，一般是由较浅的含水层越流

排泄，同时也向下游水平排泄。排泄分散，计算很困难。利用达西定律可以求算某一断面承压含水层的径流量。但应注意，由于越流补给（排泄）的存在，不同断面上的径流量是不等的，越向下游，径流量越小。

## 三、地下水补给模数

地下水的补给量构成其补给资源。为了定量表示补给资源，对比不同地段的补给强度，可采用地下水补给模数。

地下水补给模数（纸）表示每平方公里含水层分布面积上地下水年补给量为若干万立方米，其单位为 $m^3 \times 10^4/a \cdot km^2$。即：

$$M_b = \frac{Q}{F \cdot 10^4}$$

（4–3）

式中：

$Q$ ——地下水年补给量（$m^2/a$ 年）；

$F$ ——含水层分布面积（$km^2$）。

在山区，补给模数与地下径流模数（$M_j$）的换算关系为：

$$M_j = M_j \times \frac{86400 \times 365}{10^3 \times 10^4} = 3.15 M_j$$

（4–4）

地下水补给模数可与地下水开采模数配套使用。所谓开采模数表示每平方公里面积上每年开采的水量为若干万立方米（$m^3 \times 10^4/a \cdot km^2$），用以表征地下水开采强度。补给模数与开采模数同属强度的概念，采用同一单位，可便于比较开采强度是否已达到或超过补给强度。

# 第五节　地下水补给与排泄对地下水水质的影响

## 一、地下水补给对地下水水质的影响

地下水获得矿化度与化学类型不同的补给水，水质也因而发生变化。干旱地区的潜

水往往因长期蒸发浓缩而成为高矿化水。在那些经常获得低矿化水补给的地段，如河流沿岸、季节性集水洼地、灌渠两侧等，常可找到适于饮用的淡水透镜体。高矿化水与污染水的补给，则使含水层水质恶化，这多半是在人为影响下发生的。例如，工业废水与生活污水的不合理排放，降水淋滤废料与吸收废气后补给地下水等，过量抽汲滨海地区的或与咸水层有联系的淡水含水层，也可引起海水或咸水补给淡水层水质恶化。

## 二、地下水排泄对地下水水质的影响

地下水的排泄，根据其对水质影响可分为两大类：一类是径流排泄，包括以泉、泄流等方式的排泄在内，其特点是盐随水走，水量排走的同时也排走盐分；另一类是蒸发排泄，其特点是水走盐留。

将补给、排泄结合起来，我们可以划分为两大类地下水循环：渗入—径流型和渗入—蒸发型。前者，长期循环的结果，使岩土与其中赋存的地下水向溶滤淡化方向发展；后者，长期循环，使补给区的岩土与地下水淡化脱盐，排泄区的地下水盐化，土壤盐渍化。

## 三、地下水径流强度、径流量与水质的关系

地下水径流强度——单位时间内通过单位断面的水量。

这个概念正是地下水渗透速度的定义，即：$V = Q / \omega$，所以地下水径流强度可用渗透速度来表征。由达西定律可知：$V = Q / \omega I = K(h / L)$。所以，地下水的径流强度（即渗透速度）与含水层的透水性（$K$）成正比；与补给区到排泄区的水头差或水位差（$h$）成正比；与流动距离（$L$）成反比。

显然，在含透水性强、地形切割强烈高差大、降水充沛的地方，地下水径流强度大，径流量大，水的矿化度低。即水循环交替迅速，水的矿化度较低。反之，径流强度小，水矿化度高。

因此可以说，含水层透水性能的好坏、地形高差大小及切割破碎状况、径流距离等，都影响着地下水径流强度，径流强度又控制着水质变化，因此可将它们称为地下水径流的影响因素或地下水径流条件。

对于承压水来说，那些赋水构造规模小，破坏严重，补给丰富，含水层透水性强，则其径流强度大，水质好（矿化度低）。反之，比较完整的大型盆地，含水性较弱时，地下水径流强度较弱，水质亦较差。

下面两种断块构造盆地承压含水层的径流模式，径流强度受断层导水性控制：

（1）断层带阻水，补给区与排泄区在承压区一侧为同一含水层出露区，排泄点在出露区最低处。大气降水转变为地下水后沿含水层底板向下流动一定深度（不会太大）就向上反出。所以浅部径流强度大，深部变弱；浅部水质好，深部水质差。

（2）断层带透（导）水，在补给区接受水量以后，沿承压含水层流向排泄区，经断层通道上升排泄于地表。其水质和水量与径流强度密切相关。

# 第五章 水文地质的勘察

## 第一节 地下水调查概要

### 一、水文地质调查的任务、阶段划分及工作内容

在生产实践中，许多情况下都需要利用地下水，或者消除地下水所引起的不利影响。进行地下水调查的目的，是为利用或防范地下水所采取的措施提供水文地质依据。

水文地质调查是分阶段进行的，一般划分为普查、初步勘探与详细勘探三个阶段。在水文地质调查的各个阶段中，配合进行水文地质测绘、水文地质勘探、水文地质试验、地下水动态观测及地球物理勘探，以取得精度与各调查阶段相适应的水文地质资料。

普查阶段的任务是阐明区域水文地质条件，一般要求查明地下水的分布与形成条件，其工作成果是进行国民经济远景规划的依据，并作为进一步开展水文地质调查的基础。本阶段的工作内容以小比例尺水文地质测绘为主，配合少量必要的、精度一般的勘探、试验和部分动态观测工作。此阶段，通常编制小比例尺（1∶500 000～1∶200 000）的水文地质图。

为某种专门目的进行的水文地质调查，一般从第二阶段开始，这种调查称专门性水文地质调查。

在水文地质普查工作的基础上，确定具有地下水利用远景，或者需要消除地下水危害的范围，在此范围内，结合具体任务进行初步勘察。在初勘阶段中，除了较大比例尺的水文地质测绘以外，还需要布置一定数量的水文地质钻探、进行精度较高的水文地质试验及期限较短（一般为一个水文年）的地下水动态观测工作，并为某种目的（如查明构造、基岩埋深）进行物探工作。其工作成果可以作为各种工程（如城市供水、矿坑排水等）初步设计的依据。工作结束后，还应提出需要详细研究的地段及要进一步解决的

问题，以便设计详勘工作。

工程规模较小、地区条件简单时，初步勘探所获得的资料也可以作为技术设计的依据；工程规模较大、地区条件又比较复杂时，则在初步勘探结束后，圈定需要详细调查的重点地段，提出尚未解决的问题，进行详细勘探，最终提出进行技术设计所需的全部水文地质资料与参数。在详细勘探阶段中，勘探试验的工作量大为加重，精度要求提高，要求提供具有一定观测年限的地下水动态资料。图件比例尺依设计要求而定，常为 1：25 000 ～ 1：5000，也可以更大些。

## 二、小比例尺水文地质测绘要点

水文地质调查包括水文地质测绘、水文地质勘探、水文地质试验、地下水长期观测及地球物理勘探等工作手段。在此仅重点讨论小比例尺水文地质测绘的研究内容。因为小比例尺水文地质测绘的中心任务是阐明区域地下水形成与分布规律，与本书所论述的内容关系很密切。

水文地质测绘是综合性的野外调查工作。在测绘过程中，对地下水及与地下水有关的各种现象进行综合研究，编绘水文地质图，并相应地描述区域水文地质情况。

地下水形成与分布规律是有效地利用与防范地下水的科学基础，也是正确进行水文地质勘探、试验与地下水长期观测必不可少的理论指导。经验表明，不重视水文地质测绘，单纯为了追求进度，而在尚未进行测绘之前，便盲目布置勘探试验，往往是投入许多不必要的工作而又达不到预期的工作成效。地下水是与岩石圈、大气圈、水圈、生物圈，以及人类活动密切联系着的。研究地下水，就是要从历史发展的观点去研究地下水与其周围环境之间的内在联系，把握其天然状态下的发展变化规律，并且有根据地预测在采取各种实际措施以后可能产生的变化。如果不是这样去认识和理解问题，脱离地下水存在的环境，脱离有关的自然因素和人为因素，孤立地去研究地下水本身，那就既不可能真正掌握其发展变化规律，也不可能有效地解决实际问题。因此，无论如何，不应当把水文地质测绘看成地质填图加上井泉调查，也不应把综合性的研究，仅仅看成互不关联的各种现象的描述记录。

在水文地质测绘过程中，除了研究地下水的天然露头和人工露头以外，还必须研究区域地质构造、岩性、地貌、第四纪地质、物理地质现象、气候、水文、植被，以及与地下水有关的人类活动等。对上述内容选择重要的分述于下。

## （一）地质地貌研究

地质地貌条件是一个地区地下水活动的重要背景。未曾做过地质测绘的地区，应进行综合性地质水文地质测绘。目前，我国大部分地区都已完成了地质测绘，即便在这类地区进行水文地质测绘时，仍然需要十分重视地质研究，这不仅是为了补充校正原有的地质成果，也是为了将地下水与其存在环境紧密联系起来。

地质环境既是地下水生成、赋存与循环的空间，又是地下水获得一定物理、化学特性的场所。一个地区的地质发展历史，对该地区地下水水量与水质的形成与分布有深刻的影响。进行地下水调查时，必须从地下水形成与分布的角度出发，对区域地质进行历史成因的分析。对这一重要原则理解不深，就会产生两种偏向。一种偏向是忽视地质成因分析，认为反正搞的是水，只要知道哪些地层透水哪些地层不透水就足够了，地质成因分析则是地质人员才应关心的事；另一种偏向是对地质分析很重视，也下了很大功夫，但就是忽视了从地下水出发进行地质研究的特殊要求。这两种偏向的实质，都是割裂了地下水与地质环境之间的成因联系，因此也就难以真正把握地下水的发展变化规律。

基岩地区岩层含水性的研究是地下水调查的一项基本内容，只根据岩性、裂隙、岩溶的发育状况，以及井、泉、钻孔资料确定含水层与隔水层是不够的。对于沉积岩地区，必须分析在地壳运动及海陆进退控制下的沉积旋回特征与沉积环境，从而掌握岩性在垂直与水平方向上的变化，还应分析不同构造部位岩层受力情况，再结合其空隙发育特征及地下水资料，来确定岩层透水性的变化规律（强透水、弱透水，均匀、不均匀，各向同性、各向异性）。这样，即使地下水露头及岩层空隙性的观察资料不是很多，也能对岩层透水性建立起比较完整清晰的概念，而对掩埋部分岩层的透水性，也可做出有依据的推断。

同样，对于侵入岩浆岩，应当区分侵入时期与产状，分别确定其裂隙发育规律。即使是同一侵入体，由于冷凝条件与岩浆成分变化，可以划分为不同的岩相带（如粗粒的、斑状的、细粒的）。成岩过程中及经受后期构造变动时，受力产生形变的条件不同，因而其裂隙发育也具有不同的规律性。

在山区，地质构造往往对地下水的埋藏及补给、排泄、径流起着控制作用。大的断裂经常把一个地区分割为岩性、构造及地貌差别很大的不同部分，使地下水的形成与分布又有不同的格局，成为地下水分区的天然边界。不同形态的褶皱与断块，组成规模不同、构造封闭条件不一的地下水盆地，其中地下水量及水质的形成与分布也各具特色。断层的导水性是水文地质调查中必须着重弄清的问题。导水断层使各个含水层发生水力联系，往往成为地下径流汇集区与地下水集中排泄带；隔水断层则使地下径流受阻，从而影响含水层的补给、排泄与水质。

对平原地区来说，第四纪地质的研究，是搞清地下水形成与分布条件的关键。如果把平原地下水调查仅仅局限于确定含水砂层的分布，那就太狭窄了。必须研究第四纪沉积物的年代及成因类型，从而对平原沉积物的岩性结构建立正确的概念。同样是砂层，冲积成因与湖积成因的不仅几何形态不同，而且其中地下水的形成条件也不相同。厚度大、延展远的湖积砂层中，地下水的补给、循环条件往往要比厚度较小的冲积砂层差得多，因此资源条件也不一样。

即使任务只规定解决平原地下水的问题时也应对山前以至邻接山区进行必要的研究。山前地区第四纪沉积出露于地表，便于研究不同时代与成因类型沉积物的特征及之间的关系。平原第四纪地质研究，正是通过山前观察到的现象，与平原内部钻孔所取得的资料进行分析对比才得以完成的。另外，观察山区与平原的接触关系，对于分析平原地下水的补给也是必不可少的。平原沉积物来源于山区的剥蚀，因此，分析山区现代及古代水文网的演化历史及物质来源，也是很有必要的。

平原深部基底构造及新构造运动特征，是控制平原第四纪沉积规律的内在根据。因此，水文地质人员还必须进行这方面的研究。

综上所述，为了从历史发展的角度，掌握平原地下水与第四纪沉积之间的内在联系，水文地质人员必须进行广泛深入的地质研究。而地质研究所要投入的工作量往往并不比研究水本身来得少，这是不足为奇的。

地貌乃是一个地区内外力综合作用的历史产物。在山区，它反映了岩性、地质构造与地形的成因联系；在平原，则在某种程度上反映岩性结构与地形的成因联系。很自然，地貌对地下水的补给、径流与排泄以致水量水质的变化，都有相当大的控制作用。例如，强烈隆起、水文网深切的水平地层组成的山区，不利于地下水的集聚，水的循环速度和矿化度往往很低。又如，干旱半干旱地区的冲积平原中下游，地形上略微隆起的古河道常是淡的浅层地下水富集的地带，而相对低洼的河间地带，则浅层地下水比较贫乏，水土都发生强烈盐化。所以，好的地形图、航空照片、卫星相片常能帮助我们大略预计地下水的状况，指导我们组织地下水调查，以收事半功倍之效。

（二）气象（气候）水文的研究

水网是一个整体。地球上各部分的水，处于不断相互联系相互转化之中，组成统一

的水资源。无论从形成还是利用的角度出发，都不应把地下水与整个水网割裂开来研究。

在绝大多数情况下，大气降水乃是一个地区水资源的总来源。大气降水的多少往往决定着一个地区地下水资源的总的状况，决定着一个地区水源的供需关系。深入分析大气降水在时间及空间上的分布特点，能帮助我们掌握地下水的补给状况及地区需水规律。蒸发是地下水的重要消耗去路，在干旱半干旱地区，蒸发值的大小，对地下水及土壤的盐化程度有很大影响。水文地质工作者往往需要追溯较长时期内的气候演变过程，以便弄清楚当前阶段是处于气候平均状态，还是偏旱或偏湿状态，从而估计地下水动态的长期变化，使兴利防害的地下水实际措施经得起时间的考验。当现成的气象资料不能满足要求时，就必须根据工作任务及地区特点，收集并分析研究有关资料。

地表水体经常是地下水的补给来源或排泄去路。某些极端干旱的地区，河流往往是地下唯一的补给来源。此外，地表水经常是一种与地下水相比较的可利用水源，或者可与地下水配合使用，或者可作为地下水的人工补给水源。对地表水的研究还可帮助我们间接地了解地下水的水量与水质。非雨季山区的地表径流量，实际上就是地下径流量，因此可以方便地确定地下水资源状况。测定不同河段的流量变换，分割水文图，可分析地下水接受河流补给或向河流排泄的水量。当河流或湖泊是地下水的排泄去路时，可通过测定河水、湖水的化学成分，以了解地下水水质。通过研究大气降水量与地表径流量的关系，可以推断地下水接受大气降水补给的程度。

应当尽可能定量地把一个地区的大气降水的转化过程弄清楚：大气降水中有若干转化为地表水，若干转化为地下水，若干转化为土壤水，若干消耗于蒸发。这种分析，对于综合利用水资源，统一调度水源，充分发挥一个地区水资源的潜力是十分有益的。

随着人口增长与工农业的现代化，人类对水资源需求与日俱增，水资源的短缺现象越来越普遍了。在不少情况下，利用一个地区全部水资源往往还难以满足需要。因此，综合地考察与利用水资源，越来越显得必要。地下水调查作为水资源综合考察的一个组成部分，并从水资源综合利用的角度去考虑地下水的利用，这是当前的发展趋势。在地下水调查中，充分考虑到这种发展趋势，是很有必要的。

### （三）植被研究

生物圈是地球水分布与循环的环节之一，但是至今关于生物圈与地下水的联系方面的研究还很不足。

森林植被能够增加降水，减少地表径流，增加地下水补给，起到调节涵养水源的

作用；另外，植物的叶面蒸发则是大气水及没埋地下水的主要消耗去路。在水文地质测绘中有必要查明植被的分布及其对地下水的影响。

喜水植物和耐盐植物的分布常常能指示浅层地下水的埋藏深度，以及土壤与浅层地下水的含盐程度。在测绘过程中，如能把这些指示植物的分布情况圈画出来，并以少量实测资料加以验证，便可大大减轻工作量。

（四）地下水露头的研究

在水文地质测绘过程中，必须调查一定量的地下水露头点，而当现有地下水天然露头点及人工露头点不能满足研究要求时，则应专门布置部分试坑、浅井乃至钻孔。泉在分析水文地质条件时的意义，在第四章中已经论及。对于平原地区，井及钻孔乃是主要的地下水露头点，地下水的埋深、地层岩性剖面，以及岩层出水能力、水质、地下水动态资料等都由此取得。

调查地下水露头点时，应将水点资料与影响地下水的有关因素结合起来分析研究，过细地进行调查访问，取得可靠的第一手材料。例如，不仅要了解井或钻孔所揭露的岩性剖面，还要仔细了解并分析打井过程中地层出水情况，以便得出正确的结论。华北平原中某些地方，具有裂隙的漫滩相黏土，透水能力比粉砂还好，是浅部主要含水层。而在调查不细致时，却误以为粉砂是主要含水层、黏土是隔水层了。又如，有些在第四纪堆积物中出露的泉，实际上是由下伏基岩补给的，如果工作不深入，就会得出完全错误的结论。

（五）人为影响的调查

人为因素能在短时期内强烈改变地下水的形成与分布。这种影响随着人口增长与生产、科学技术的发展而日益深刻广泛。在不少情况下，已经远远超过天然因素的作用，而今后人类活动将更广泛、更深刻地影响地下水的分布与形成。大规模采水、矿坑排水、修建水库渠道、引水灌溉、城市建设、施用农药和化肥等，会造成大面积地下水开采漏斗、地面沉降、地下水污染、盐水入侵、土壤次生沼泽化与盐渍化等。在地下水调查中，必须查明人类活动对地下水的种种影响。这些资料不仅可以用来解释地下水的现状，还有助于预测采取或加强同类实际措施对地下水的变化方向；对于确定合理有效的利用或防范地下水的实际措施，是很有价值的。

有一点值得再三强调，在进行地下水调查时，我们的任务不只是收集各种与地下水有关的资料，也不仅仅是确定地下水的现状，而是要阐明地下水发展变化的方向及其内在根据。只有这样，我们才能预测采取利用或防范地下水的实际措施以后可能发生的变化，才能避免其不利影响，使地下水向有利的方向发展变化。而为了做到这一点，最重要的是，

必须从成因发展的角度去研究地下水与其周围环境（包括自然因素与人为因素）之间的联系。

在这里，我们仅简要地阐述了地下水调查的基本思路与指导思想。关于具体的工作方法，可参阅有关规范与文献。

# 第二节　调查与研究地下水的技术方法

近年来,调查与研究地下水所采用的技术方法有很大发展,其总的发展趋势是定量化、自动化。除了应用历史较长的地球物理勘探方法以外，近年来，在水文地质调查与研究中引入了遥感技术、同位素技术及数学地质。这些新的技术方法不仅能使地下水调查实现高效率、低成本，而且对于水文地质学向定量化的严密科学发展，起着难以估量的推动作用。

## 一、地球物理勘探方法

通过研究地球的各种物理性质而了解地壳地质构造和找矿、找水的方法叫地球物理勘探,简称物探。物探在水文地质勘察中起着重要作用,具有效率高、成本低速度快等优点。在综合水文地质勘察中，一般应遵循在水文地质测绘基础上，先物探后钻探的勘探程序。物探方法也因其探测精度受到各种自然与人为因素的干扰，以及成果的多解性与地区性的局限，其探测成果常须经过钻探的校核。物探的种类很多，如磁法、重力、电法、地震及放射性等勘探方法，在水文地质勘察中广泛应用的是电法勘探。

电法勘探可分为直流电法（电阻率法、激发极化法、充电法等）和交流电法等。水文地质勘探中得到广泛应用的是电阻率法，包括电测深法和电测剖面法，在钻探时还常采用电测井法来了解孔下情况。下面主要介绍电阻率法的基本原理，以及电测深法、电测剖面法和电测井法在水文地质勘察中的应用。此外,简单介绍自然电场法、激发极化法、交变电磁场法、核磁共振技术及地震勘探。

（一）电阻率法的原理及在水文地质勘察中的应用

### 1．岩石的电阻率

由物理学中可知：导体的电阻 $R=\rho\quad(L/s)$（ $L$ 是导体的长度，$s$ 是导体的断面面积）。式中比例常数 $\rho$ ，其值的大小与导体的性质有关，称为该导体的电阻率。

电阻率$\rho$是用来表示各种物质导电性能的参数，它表示电流通过长度为1m、截面积为$1m^2$的物质时所受的电阻，单位为欧姆米（Ω·m）。岩石的电阻率与许多因素有关，主要受矿物成分、空隙多少、湿度、富水程度和温度等的影响。

当岩石的空隙中含有一定的水分，而水中又溶有盐分时，就使得水成为良导电的物质而存在于岩石的空隙中。在岩石的空隙中因含有良导电的地下水，这就大大改变了岩石的导电性能。当电流通过岩石时，岩石的电阻可看成由岩石本身的电阻R岩和地下水的电阻R水组成并联线路的总电阻。根据并联的原理，电流绝大部分经由R水通过，由于R岩远大于R水，则岩石电阻基本上由R水所决定。在影响岩层电阻率的诸因素中，岩石的富水程度和地下水的矿化度含量起着决定性的作用。例如，松散沉积物孔隙度大且饱含高含量的矿化度的地下水时，则它的电阻率一定很低；如果胶结的很致密，几乎不含地下水时，其电阻率可高达1000Ω·m以上。在自然条件下，由于不同地区各种岩石的孔隙性、含水量、地下水的矿化度含量变化较大，不同类型岩石的电阻率变化范围很大。

### 2．视电阻率的概念

在推导上式时，曾假定地下岩层是个无限的均匀介质，而实际上地下岩层是由不同岩性的多层岩石组成，在垂直和水平方向上岩性均会变化，在同一岩层的不同位置上电阻率也会有差异。所以在实际自然条件下进行测量时，若按上面公式来计算岩层的电阻率，其计算结果就不会是某一岩层的真正电阻率，也不是各岩层电阻率的平均值，而是电场作用范围内所有岩层综合影响的结果，称为视电阻率$\rho_s$。它与岩层在地下的分布状况（各层的厚薄、形状、埋藏深浅等）、各岩层的电阻率、供电电极与测量电极的装置形式和装置大小，以及与不均匀岩层的相对位置等因素有关。

### 3．电探深度与供电电极距的关系

实践表明：AB电极间的电流大部分都集中在靠近地表附近的范围内，随着深度的增加，电流密度则减小，在地下深度h=AB处的电流密度仅为地表电流密度的10%；当深度$h$ =3AB时，电流密度已接近于零，所以在地面上要勘探地下深度等于3倍AB处的地质情况是不可能的。不过地下电流密度随深度的分布，决定于供电电极AB距离的大小，随着AB的增大，地下深处电流密度也相应地增大。换言之，距离越大，勘探深度越大。实际在野外工作中，条件较好时，勘探深度A一般只是AB/2，若下部有高电阻率的岩层时，勘探深度$h$将减小到AB/5，甚至仅AB/20。

#### 4. 电阻率法在水文地质勘察中的应用

电阻率法在水文地质勘察中最适宜于查明以下问题：覆盖层的厚度，隐伏的古河床和掩埋的冲洪积扇的位置；断层、裂隙带、岩脉等的产状和位置，含水层的宽度及厚度；钻井的地质剖面；地下水位、流向和渗透流速；地下水的矿化度和咸水、淡水的分布范围；暗河的位置和隐伏岩溶的分布；永久冻土层下限的埋藏深度；等等。

### （二）电测深法

电测深法就是在地表同一测点上，从小到大逐渐改变供电电极之间的距离，进行视电阻率测量来研究从地表到深部岩层的变化情况。根据供电极 AB 和测量电极 MN 排列形式的不同，又分为四极对称测深、三极测深、轴向偶极测深等，而较常用的是四极对称测深。这里只介绍此方法的原理。

由地表向地下供电时，地下电流密度的分布及电流流入地下的深度直接决定于供电电极 A 和 B 之间的距离。当增大供电电极距时，电流流入地下的深度也就增大，而深处地层变化也将反映到所测得的视电阻率 $\rho_s$ 值上。当地下是由不同电阻率的岩层构成时，用大小不同的供电电极距所测得的电阻率是一系列数值不同的视电阻率化。这些 $\rho_s$ 值不仅是随着供电电极距的变化而变化，同时也随着各种岩层真电阻率的不同而相异，电极距长时反映深部岩层性质，电极距短时反映浅部岩层的性质，所以电测深法就能探明某一测点从浅到深岩层沿垂直方向的变化情况。

### （三）电测剖面法

电测剖面法是电阻率法的另一种方法，其基本原理与电测深法一样，区别在于：电测深法是在同一测点上用一系列不同长度的电极距进行 $\rho_s$ 值测量，以了解地层沿垂直方向的变化；而电测剖面法则是保持供电电极距，并在 AMNB 之间的相对位置固定不变（探测深度不变）的情况下，沿一定方向移动装置进行 $\rho_s$ 测量，所得的曲线反映了地层沿水平方向的变化。按供电电极与测量电极排列形式的不同，电测剖面法可分为：四极对称剖面法、联合剖面法、偶极剖面法、中间梯度测量法等很多类型。

在实际工作中电测剖面法常与电测探法相结合，用来追踪和圈定集水古河道或冲洪积扇的砂卵石分布范围；寻找基岩裂隙含水带或石灰岩岩溶的含水带；查明断层位置；划分淡水和咸水界线；确定松散地层的厚度（或基岩的埋藏深度）等。电测剖面法的优点是工作效率高，取得资料快；缺点是不能进行定量的解释，所以必须与电测深法配合运用。

（四）电测井法

为了确定井下各含水层的位置、厚度，划分咸淡水层，估计含水层的矿化度，一般常采用电测井的方法。电测井是在凿井过程中，特别是在含水层呈多层分布，且水质变化很大的地区经常使用。根据电测井的资料能合理地开发利用良好的含水层，正确地指导下管（安装过滤器）成井工作。此外，电测井还可用来检查已成井的漏水或井管破裂位置等。

电测井的工作原理是利用仪器并通过电缆把下井装置（如电极系统）送入管井中进行测量。在电缆从井底向上提升的过程中，用仪器记录各地层的电阻率变化曲线，称视电阻率曲线。电测井的资料如有钻孔资料做校正，就会取得更好的效果。

电阻率曲线，并不是在任何条件下都能利用的。特别是在山区，应用是有一定条件的。勘探的效果在很大程度上也取决于是否具备这些条件：

所测的岩层（体）与围岩应有明显的电阻率差别。所测岩层的电阻率无论是比围岩的电阻率高或者低，只要差别越大效果就越好；被测的岩层或构造必须具有一定的规模。由于测得的 & 值是电流分布范围内所有岩层电阻率的综合反映值，若被测物体规模很小，则它的作用就显示不出来，因此，也就达不到测量的目的；被测目的层或构造体及围岩的电阻率在水平与垂直方向上都要有相对的稳定性。如果变化较大，测出的 $\rho_s$ 、曲线就很难进行解释，因此，就不能鉴别出所要寻找的目的层或地质构造体；在目的层或构造体以上没有其他电阻率特别高或特别低的屏蔽层存在。因为这些特殊层的存在，干扰特别强烈，曲线变得很复杂；电测线尽可能选择在地形开阔平坦处，地形坡度一般不大于 20°，做电测探时还要求下伏岩层的倾角小于 20°；地下水位和被测目的层都要求埋藏较浅，这样才容易达到测量深度。

（五）自然电场法

自然电场法是以地下存在的天然电场作为场源。由于天然电场与地下水通过岩石孔隙、裂隙时的渗透作用及地下水中离子的扩散、吸附作用有关，因此，可根据在地面测量到的电场变化情况，查明地下水的埋藏、分布和运动状况。主要是用于寻找掩埋的古河道、基岩中的含水破碎带，确定水库、河床及堤坝的渗漏通道，以及测定抽水钻孔的影响半径等。

方法的使用条件，主要决定于地下水渗透作用所形成的过滤电场的强度。一般只有在地下水埋藏较浅、水力坡度较大和所形成的过滤电位强度较大时，才能在地面测量到

较明显的自然电位异常。

（六）交变电磁场法

交变电磁场法是以岩石、矿石（包括水）的导电性、导磁性及介电性的差异为基础，通过对以上物理场空间和时间分布特征的研究，达到查明隐伏地质体和地下水的目的。电磁法是一种相对较新的物探方法。目前已在生产中使用的有甚低频电磁法（利用超长波通信电台发射的电磁波为场源）、频率测深法（以改变电磁场频率来测得不同深度的岩性）、地质雷达法（利用高频电磁波束在地下电性界面上的反射来达到探测地质对象的目的）等。其中，甚低频法对确定低阻体（如断裂带、岩溶发育带和含水裂隙带）比较有效；而地质雷达则具有较高的分辨率（可达数厘米），可测出地下目的物的形状、大小及其空间位置。

（七）地震勘探

地震勘探是根据土和岩石的弹性性质，测定人工激发所产生的弹性波在地壳内的传播速度来探测地质结构及含水界面的物探方法。该种方法具有勘探深度大、探测精度高的优点，可用来确定覆盖层和风化层的厚度、潜水面埋藏深度，划分岩层结构，探测断层和岩溶发育带位置。在地热勘探中常使用该方法探明深部地质构造，判断地热层的分布情况。

在水文地质调查中应用物探方法成功与否的关键在于根据不同条件及目的要求选择适合的物探方法，以及结合地质—水文地质条件对物探成果进行合理解释。

## 二、遥感技术

所谓“遥感”“遥测”是遥远感知和遥远测量目的物的意思。通过安装在各种飞行器（飞机、人造卫星、宇宙飞船）上的传感器，远距离感切地表物体的电磁波辐射特性，通过解译便可确定有关的地面景物。

遥感技术是从 20 世纪 20 年代利用飞机进行航空摄影开始的。近年来，随着空间技术的发展，遥感技术日新月异，应用也日益广泛。利用地球资源卫星相片进行地质、水文地质等方面的研究，快速有效，已成为包括水文地质学在内的整个地学现代化的主要方向之一。

遥感技术是建立在目标物体电磁波辐射理论上的。包括地质—水文地质体在内的所有物体，都具有发射以及吸收、反射—散射电磁波的特性。某些还具有透射外来电磁波

的特性。不同的地质—水文地质体，发射、吸收、反射—散射和透射的电磁波波长与频率不同，因此，可根据飞行器上传感器感知的电磁波特征加以判别。

将电磁波按波长由短到长，频率由小到大的次序排列，依次为 γ 射线、X 射线、紫外波段、可见光波段、红外波段、微波波段及无线电波段。根据所利用波段及采用的感应方法不同，有不同遥感遥测方法，如航空摄影、多波段（多光谱）测量、红外探测、微波测量等。目前在水文地质调查中常用的是航空摄影、多波段测量及红外探测。

航空摄影是在飞机上利用可见光照相，以得到黑白或彩色照片，利用照片上的色调（或彩色）形态等特征，解译地质—水文地质现象。

多波段（多光谱）测量是将电磁波谱分割成若干窄波段，用多波段摄影机或多波段扫描仪，同步地将同一地面景象不同波段的摄像或数据，分别记录于胶片或磁带上。

电子光学分析方法，包括假彩色合成及假彩色密度分割。前者是将同一景象不同波段的黑白胶片，经光电处理迭合成彩色相片，由于相片所显示的各种景物的彩色与实物不同，故称为假彩色。后者是通过光电变化将黑白胶片上的影像密度分割成若干等级，并以不同颜色表示不同密度等级，便获得密度假彩色相片。这类方法目的在于增强影像的差别，提高判读程度与效率。

利用电子计算机解译时，事先选定有代表性的训练场地。对已知地面物体进行电磁波特性统计计算，取得参考统计参比，据此编制程序，对记录磁带用电子计算机解译。这种解译方法能充分利用磁带记录的信息，减少人为误差，提高分辨能力与工作效率。但是，同一类地面物体，在不同光照、气候等因素影响下，电磁波信息的变化相当大，而训练场地上所得到的统计参数代表性有限，这就使解译受到限制。目前这一问题正在继续研究。

可见光和微波之间的波段称为红外波段。温度高于绝对零度（−273℃）的任何物体，都存在着分子热运动，不断地辐射红外线。具有不同温度与热容量的物体，发射或反射红外线的性质有所不同，因此，可通过红外测量进行遥感。

利用航空摄影、多光谱测量、红外测量等可解决水文地质调查中以下几方面的问题：

划分岩性：不同的岩性在相片上色调深浅不同，结合其分布特点（层状、块状）、地貌（正地形、负地形、圆浑山形、尖棱山形、岩溶地貌等）以及土壤、植被、水系发育特点可以判别。不同岩层具有不同辐射系数和热容量，在红外图像中明暗不同（明表示高温，暗表示低温）。利用假彩色增强技术更能帮助区分不同岩性。但是，总的来说，目前利用遥感技术判别岩性，效果还不够理想。

确定地质构造：根据不同色调的岩层组成的平行条带的形状，可以判断褶皱的形态。通过一定方法，还可以从航空照片上测定岩层的产状。利用航空照片或卫星相片确定断裂，效果很好。由于断裂延伸远，从大范围的照片上进行宏观研究，往往可以发现地质填图中容易遗漏的断裂带。深部隐伏断裂往往在地面上显示种种迹象，但限于人的视野，在常规地质调查中常常发现不了，利用遥感技术效果相当好。例如，在卫星照片上，清楚地反映北京地区隐没于2000m厚的松散沉积物下的几条基岩断裂。

调查地貌、植被及地表水：在航空照片或卫星相片上，研究大中尺度的地貌是很方便的。在相片上圈定洪积扇、阶地、山间堆积盆地、三角洲等，都有助于间接判断地下水的分布。红外测量不仅能反映植被的分布，而且能够区别不同种类的植被，为在干旱地区利用植物标志寻找浅层地下水提供了线索。利用遥感资料能确定湖泊、水系，纠正地形图上的误差与遗漏，这对于穿越性不好的地区更有意义。红外测量还能确定地表水水温，大致判断水量，圈划冰雪覆盖层的分布范围及其消融情况，这有助于分析地下水的补给。

调查地下水：多波段测量及红外探测调查地下水的效果较好。水的热容量大，保温作用强，有地下水或地下水位较浅的地方，常与周围无水及地下水深埋的地方有温度差别：有地下水的地方夏季温度低，冬季温度高，白昼低，夜晚高，有热水时则经常显示高温，而红外测量的温度分辨率可达0.01℃～0.1℃。

红外测量可以寻找松散沉积物中埋深不超过十几米的地下水。利用地下水与河水、湖水、海水的温差，很容易发现地下水向地表水的排泄。利用红外测量可以确定泉、沼泽的位置，确定充水断层、岩溶发育带，确定包气带湿度，圈定热水分布范围及冻土的分布，并可通过查明地表水体的污染，提供间接判断地下水污染的线索。目前，国外正在研究利用遥感技术帮助取得各种水文地质参数如地下水位深度、孔隙度、渗透系数、水力坡度、导水系数等。

遥感技术的优点是能够同时取得大面积的资料，扩大人的视野，便于进行宏观分析；便于重复取得同一地区不同时期的信息，掌握现象的动态；收集资料迅速、全面，不受地形阻隔的影响，对于穿越条件不利的高山、沙漠、森林、沼泽地区，同样可以进行。与常规调查相结合，可以大大降低野外调查的工作量与成本。目前存在的问题是，解译还不够过关，定量解译更为不足，还有待于进一步研究改进。

## 三、数学地质

数学地质是随着地质学的定量化和电子计算机在地质学中的应用而诞生的一门新兴边缘科学。它研究地质过程的各种数学模型，应用数学方法研究和解决各种地质问题，包括从地质、水文地质现象的统计分析，到地质、水文地质过程的计算模拟。自20世纪60年代开始形成到现在，发展很快。目前，在地质、水文地质工作中常用的数学地质方法有：趋势面分析、回归分析、聚类分析、判别分析、因子分析、频谱分析和数字滤波，以及地质、水文地质过程的计算模拟等。

趋势面分析是用一定函数对地质—水文地质体某些特征的空间分布规律进行分析，用该函数所代表的数学面来逼近（拟合）其趋势变化。含水层（砂层）的厚度变化，地下水位变化，在空间上均为不规则起伏的曲面。一般根据若干点的资料，用内插或外推绘成等值线图表示时，仅考虑了两个相邻点的直线变化，而未能考虑区域性趋势变化与非直线变化。利用趋势面分析，可以较好地反映这些变化，得到较真实的空间分布形态。

回归分析是一种数理统计方法，用于研究某一变量与另一个或若干个变量之间的关系，应用很广泛。如可用于确定地下水开采过程中，水位与开采量的变化关系，以预报地下水位下降情况。又如，可用于确定水中某种离子或离子比例系数与总矿化度变化的关系，确定岩土颗粒大小及分选程度与单井出水量的关系。

聚类分析是根据样品多种变量的测定数据，应用数学方法进行分类，定量地确定样品之间的亲疏关系，按亲疏差异进行分类。地质上通常利用此法进行岩石分类、古生物分类等，在水文地质中，可考虑应用此法将地下水按化学成分归类，确定地下水的成因类型等。

判别分析也是一种应用数学进行判别的方法。它可根据已知样品的分类，根据多个变量确定样品属于哪一类，也可根据样品的多个变量进行合理分类。例如，地质上可利用岩性特征的多项指标判别海相或陆相地层，判别第四纪沉积成因类型。水文地质上，可考虑应用地下水化学特征判别海相成因和陆相成因的地下水，判断地下水的补给来源，含水层之间或含水层与地表水之间的水力联系。

频谱分析与数字滤波是数据处理的两种主要手段，通过这类方法可将各种因素进行分解，突出所需要的信息，去掉干扰，使主要的规律性的东西鲜明起来。例如，利用此法分析电测井得到的电阻率曲线，能够去除泥浆影响、仪器误差及观测误差，更准确地解释岩性剖面或地下水矿化度变化。又如对不同地质剖面或井孔柱状剖面进行沉积旋回对比时，用此法可排除局部影响，增加旋回可对比性。

对地质、水文地质过程建立数学模型，利用电子计算机模拟计算其演变发展过程，这便是地质、水文地质过程的计算模拟。在水文地质方面，可利用有限单元法模拟复杂边界条件下地下水的不稳定运动，预测地下水各要素的变化。所谓有限单元法就是将一

个连续体人为地分割成有限个较小的单元，每个单元用有限个参数进行描述，用此有限数目单元所组成的模型，来代替真实的连续体，建立数学模型然后利用电子计算机求解。

目前国外的趋向是，尽可能正确地抽象水文地质条件（或水文地质过程），建立水文地质模型（概念原型）；然后将水文地质模型转为物理模型及数学模型，三者有机地配合运用，以达到逐步深化对某个地区的水文地质条件（或某一水文地质过程）的认识的目的。

以水量计算为目的，根据初步水文地质勘察获得的资料，建立水文地质模型；然后转为物理模型及数学模型进行运算，调整边界及参数，发现问题，指导进一步的勘察工作；获得补充资料后，修正模型，再做运算；反复进行直到获得满意的结果为止。这样做，既节省了勘探工作量，又可以避免随意性，使成果更为可靠。

电子计算机的应用及数学地质方法的引入，使地质、水文地质工作者从费时繁重的统计计算工作中解脱出来，使定量分析错综复杂的地质、水文地质过程成为可能。定量描述模型的建立，则使在悠久地质年代中发生的地质过程，以及在多种因素影响下变动的水文地质过程，得以模拟重现，从而有可能进行较为可靠的地质、水文地质预测。因此，数学地质对于包括水文地质学在内的地质学，由定性描述为主，发展到定量研究的科学，将起巨大的推动作用，是地质科学现代化的有力武器。

## 第三节　地下水动态观测

含水层（含水系统）经常与环境发生物质、能量与信息的交换，时刻处于变化之中。在与环境相互作用下，含水层各要素（如水位、水量、水化学成分、水温等）随时间的变化，称作地下水动态。

地下水要素之所以随时间发生变动，是含水层（含水系统）水量、盐量、热量、能量收支不平衡的结果。例如，当含水层的补给水量大于其排泄水量时，储存水量增加，地下水位上升；反之，当补给量小于排泄量时，储存水量减少，水位下降。同样，盐量、热量与能量的收支不平衡，会使地下水水质、水温或水位发生相应变化。地下水动态反映了地下水要素随时间变化的状况，为了合理利用地下水或有效防范其危害，必须掌握地下水动态。地下水动态提供给我们关于含水层或含水系统的不同时刻的系列化信息，

因此，在检验所做出的水文地质结论，在论证人们所采用的利用或防范地下水的水文地质措施是否得当时，地下水动态资料是最权威的判据。

## 一、地下水动态的形成机制

地下水动态是含水层（含水系统）对环境施加的激励所产生的响应，也可理解为含水层（含水系统）将输入信息变换后产生的输出信息。以下举例加以说明。

首先试来分析一次降雨对地下水水位的影响。一次降雨，通常持续数小时到数天，我们不妨把它看作发生于某一时刻的“脉冲”。降雨入渗地面并在包气带下渗，达到地下水面后才能使地下水位抬高。同一时刻的降雨，在包气带中通过大小不同的空隙以不同速度下渗。当运动最快的水滴到达地下水面时，地下水位开始上升，占比例最大的水量到达地下水面时，地下水位的上升达到峰值，运动最慢的水滴到达地下水面以后，降水的影响便告结束。这样，与一个降水脉冲相对应，作为响应的地下水位的抬升便表现为一个波形。或者说，经过含水层（含水系统）的变换，一个脉冲信号变成了一个波信号。与对应的脉冲相比较，波的出现有一个时间滞后 a，并持续某一时间延迟 b。

当相邻的两次或更多次降雨接近，各次降雨引起的地下水抬升的波形便会相互迭合。当各个波峰某种程度叠加时，会迭合成更高的波峰，地下水位会出现一个峰值。然而，实际情况下往往多是各个波形的波峰与波谷迭合，削峰填谷，构成平缓的复合波形。

降水对泉流量的影响，也会出现类似的情况。一次降雨使泉水量出现一个波形的增加，若干次降雨所引起的波形相迭合，削峰填谷的结果，会使泉流量远较降水变化稳定。北方许多岩溶大泉流量动态之所以很稳定，原因就在此。

由此可见，间断性的降水，通过含水层（含水系统）的变换，将转化成比较连续的地下水位变化或泉流量变化，这是信号滞后，延迟与叠加的结果。其作用相当于高频信号通过滤波器变换为低频信号输出的物理过程。

## 二、影响地下水动态的因素

如果我们把地下水动态看作含水层（含水系统）连续的信息输出，就可将影响地下水动态的因素分为两类：一类是环境对含水层（含水系统）的信息输入，如降水、地表水对地下水的补给，人工开采或补给地下水，地应力对地下水的影响等；另一类则是变换输入信息的因素，主要涉及赋存地下水的地质地形条件。

### （一）气象（气候）因素

气象（气候）因素对潜水动态影响最为普遍。降水的数量及其时间分布，影响潜水

的补给，从而使潜水含水层水量增加，水位抬升，水质变淡。气温、湿度、风速等与其他条件结合，影响着潜水的蒸发排泄，使潜水水量变少，水位降低，水质变咸。

气象（气候）要素周期性地发生昼夜、季节与多年变化，因此，潜水动态也存在着昼夜变化、季节变化及多年变化。其中季节变化最为显著且最有意义。我国东部属季风气候区，雨季出现于春夏之交。大体自南而北由 5 月至 7 月先后进入雨季，降水显著增多，潜水位逐渐抬高，并达到峰值。雨季结束，补给逐渐减少，潜水由于径流及蒸发排泄，水位逐渐回落，到翌年雨季前，地下水位达到谷值。因此，全年潜水位动态表现为单峰单谷。

在分析气象因素对潜水位的影响时，必须区分潜水位的真变化与伪变化。潜水位变动伴随着相应的潜水储存量的变化，这种水位变动是真变化。某些并不反映潜水水量增减的潜水位变化，便是伪变化。例如，当大气气压开始降低时，处于包气带之下的潜水面尚未感受到其影响，暴露于大气中的井孔中的地下水位却因气压降低而水位抬升。当然，气压突然增加时井孔地下水位也会呈现与含水层不同步的下降。

气候还存在多年的周期性波动。例如，周期为 11 年的太阳黑子变化，影响丰水期与干旱期的交替，从而使地下水位呈同一周期变化。对于重大的长期性地下水供排水设施，应当考虑多年的地下水位与水量的变化。供水工程应根据多年资料分析地下水位最低时水量能否满足要求。排水要考虑多年最高地下水位时的排水能力。缺乏地下水多年观测资料时，则可利用多年的气象、水文资料，或者根据树木年轮、历史资料与考古资料，推测地下水多年动态。

（二）水文因素

地表水体补给地下水而引起地下水位抬升时，随着远离河流，水位变幅减小，发生变化的时间滞后。河水对地下水动态的影响一般为数百米至数公里，此范围以外，主要受气候因素的影响。

## 三、地下水天然动态类型

潜水与承压水由于排泄方式及水交替程度不同，动态特征也不相同。潜水及松散沉积物浅部的水，可分为三种主要动态类型：蒸发型、径流型及弱径流型。

蒸发型动态出现于干旱半干旱地区地形切割微弱的平原或盆地。此类地区地下水径流微弱，以蒸发排泄为主。雨季接受入渗补给，潜水位普遍以不大的幅度（通常为 1 ～ 3m）抬升，水质相应淡化。随着埋深变浅，旱季蒸发排泄加强，水位逐渐下降，水质逐步盐化。

降到一定埋深后，蒸发微弱，水位趋于稳定。此类动态的特点是：年水位变幅小，各处变幅接近，水质季节变化明显，长期中地下水不断向盐化方向发展，并使土壤盐渍化。

径流型动态广泛分布于山区及山前。地形高差大，水位埋藏深，蒸发排泄可以忽略，以径流排泄为主。雨季接受入渗补给后，各处水位抬升幅度不等。接近排泄区的低地，水位上升幅度小；远离排泄点的高处，水位上升幅度大。因此，水力梯度增大，径流排泄加强。补给停止后，径流排泄使各处水位逐渐趋平。此类动态的特点是：年水位变幅大而不均（由分水岭到排泄区，年水位变幅由大到小），水质季节变化不明显，长期则不断趋于淡化。

气候湿润的平原与盆地中的地下水动态，可以归为弱径流型。这种地区地形切割微弱，潜水埋藏深度小，但气候湿润，蒸发排泄有限，故仍以径流排泄为主，但径流微弱。此类动态的特征是：年水位变幅小，各处变幅接近，水质季节变化不明显，中长期向淡化方向发展。

承压水均属径流型，动态变化的程度取决于构造封闭条件。构造开启程度越好，水交替越强烈，动态变化越强烈，水质的淡化趋势越明显。

地下水动态与均衡的研究，必须建立在水文地质长期观测的基础之上。长期观测的主要任务，是查明地下水动态的形成规律，研究地下水均衡及预测地下水动态变化趋势等，从而为利用或调节地下水动态，提供科学依据。

## 四、地下水动态观测要求及其资料整理

### （一）地下水动态观测的要求

动态观测的要求，视地区、目的、任务及勘探阶段而定。

初步勘察阶段：建立控制性观测点，观测持续时间应满足一个水文年，对于小型水源地或设计开采量远远小于补给量的水源地可缩短到半年（含枯水期），初步掌握地下水动态规律。

详细勘察阶段：健全地下水动态观测点、网。在多含水层地段，应分层（段）观测。观测持续时间一般不少于一个水文年，用以查明地下水动态年内变化规律，确定地下水动态类型及影响因素，计算水均衡参数，进行地下水动态趋势预报。

开采阶段：应在详细勘察阶段观测点、网的基础上，根据地下水开采管理模型和因开采而出现的水文地质问题，调整观测点、网，查明地下水动态年际变化规律，开采降落漏斗范围及发展趋势。为扩大水源地和研究水源地区域水位下降、水质污染和恶化、

地面沉降、地面塌陷、海水入侵等环境水文地质工程地质问题，提供基础资料。

地下水动态观测项目应包括水位、水温、水质及涌水量四方面内容。

地下水水位观测，一般每5天观测一次，丰水期或水位急骤变化期可增加观测频率。对于大面积开采地下水的地区，为了解枯、丰水期区域水位的变化，应增设临时统测点、网，同时还应选择典型观测孔，用自记水位计连续观测。

地下水水温观测，一般要求选择控制性观测点，与地下水水位同时观测。

地下水水质观测，一般在枯、丰水期分别采样，观测水质的季节性变化。地下水受污染的地区，可增加采样次数和分析项目。

地下水水量观测，一般应逐旬对地下水天然露头（泉、地下河出口等）及自流井进行流量观测，雨季加密观测。每年对生产井开采量至少进行一次系统调查和测量。

为查明地下水动态与当地水文、气象因素的相互关系，应系统搜集测绘范围内多年的水文、气象资料。在水文、气象资料不能满足地下水均衡计算的地区，应对水文、气象做短期观测工作。

### （二）地下水动态观测资料整理

地下水动态观测资料整编步骤：考证基本资料，审核原始监测资料，编制成果图表，编写资料整编说明，整编成果的审查验收、存贮与归档。地下水动态观测资料整理要求如下：

地下水动态观测各项实际资料必须及时整理，认真审查，编录地下水动态观测资料统计表；编制地下水动态观测实际材料图，绘制地下水水位、水温、水质动态单项历时曲线及综合历时曲线，必要时应绘制地下水动态与开采量、气象、水文等关系曲线图；利用地下水动态观测资料，结合气象、水文、水文地质和地下水开发利用等资料，进行水文地质参数分析与计算，确定和选用合理的水文地质参数，为地下水资源计算与评价提供基础依据。可以利用动态资料分析法计算降水入渗系数、水位变动带给水度、含水层渗透系数、潜水蒸发系数、潜水蒸发极限深度等参数；利用地下水动态观测资料，结合气象、水文、水文地质和地下水开发利用等资料，进行地下水资源计算与评价，为国民经济发展和生态环境建设提供水资源保障。

地下水动态简报分汛期地下水动态简报和年地下水动态简报。编制内容应包括如下几方面：

本年（汛期）内降水量的时空分布概况，与上年汛期降水量时空分布的比较，与多

年平均（多年汛期平均）降水量的比较；本年（汛期）末及年（汛期）内最高、最低地下水位（或埋深）的时空分布概况，与上年（汛期）末及年（汛期）内最高最低地下水位（或埋深）时空分布的比较；本年（汛期）内地下水开采量与上年（汛期）地下水开采量的比较；本年（汛期）内水文地质环境问题概况与上年（汛期）水文地质环境问题的比较；降水量、开采量、水位（或埋深）、水质的动态变化对当地地下水资源量的影响；编制上述所列内容的统计表，编制年降水量等值线图、年末及年内最高、最低地下水位（或埋深）等值线图表，格式及编图说明可由各省自治区直辖市自行制定。汛期地下水动态简报于当年 11 月下旬发布，年地下水动态简报于次年 3 月下旬发布。

地下水动态分析报告提纲内容包括：

（1）目的及意义；（2）气象水文及水文地质条件；（3）地下水动态的影响因素及类型划分；（4）利用动态资料计算水文地质参数；（5）地下水动态变化规律及趋势分析；（6）结论及建议；（7）附图附表，包括实际材料图（井孔平面图）、水文地质剖面图、井孔柱状图、地下水动态曲线图（水位、水量、水温、水质）及动态求参数据表。

# 第六章　水资源的开发利用类型

## 第一节　城市水资源开发利用

### 一、城市水资源的新内涵

水资源是一种动态的可更新资源，具有可恢复性和有限性的特点。全球水资源通过蒸发、降雨、径流等形式不断处于消耗与补充的循环中，陆地水量与海洋水量基本是稳定的，但在一定的时间和空间范围内，大气降水对水资源的补给却是有限的，当人类对水资源消耗大于其正常补给时，就会出现河流断流、地下水枯竭、水污染加剧、生态环境恶化等问题。水资源的可恢复性与有限性特点使人类能够，也必须通过可持续开发利用水资源，使水资源能被永续利用，实现经济、环境、社会的协调发展。

水资源的定义和内涵随着社会经济的发展与技术的发展而变化。传统意义上的城市水资源指城市地区的地下水与地表水，然而城市固有的特点：人口集中、工业集中，必然造成城市需求大量的水资源，往往传统意义上的城市水资源无法满足城市的需求，由于固守于利用传统意义上的水资源,有些城市过度开采地表水与地下水,引起了地面沉降、河流断流等生态环境问题，严重破坏了自然水系统的良性循环，加重了城市水资源短缺与生态环境恶化问题，这不符合可持续发展与循环经济理念。因此，从可持续发展观与循环经济理念出发，根据城市特殊的水文循环、用水特点，拓展与明确城市水资源内涵，对于引导城市水资源的可持续利用，促进水资源良性循环具有重要的意义。事实上人们在生产实践中已在拓宽水资源的范围，如沿海缺水地区海水的利用、缺水城市污水、雨水的利用。

（一）雨水

降雨是流域水资源不断得以更新、补充和恢复的重要保障，天然流域中，降雨一部分通过径流补给河流等地表水，一部分通过土壤入渗补给地下水，使水资源保持不断的循环过程。在城市地区，由于不透水地面的增多，一方面，降雨补给城市地下水的水量变少；另一方面，由于不透水地面缺乏土壤与植被对雨水的滞留与涵蓄作用，降雨很快在地表形成积水，增加了城市的水害风险，城市雨水携带着城市地表的大量污染物通过排水管道排入河流或污水厂，污染了城市下游河流，增加了城市污水处理量。城市的特点不但减少了雨水补给地下水的水量，而且降低了补给地表水的水质，水质较好的雨水既没有效补给城市地表水与地下水，又未被利用就变为污水排走，从循环经济的资源观来看，是资源的极大浪费。城市雨洪水一直未被作为城市水资源的一部分，而是作为废水被排走，是造成雨水资源浪费、影响城市水资源良性循环的原因之一。因此，将城市雨水明确列为城市水资源的一部分，对于促进城市雨水的利用、增加城市水资源量和城市防洪能力、促进水资源良性循环是非常必要的。

（二）城市污水

城市消耗大量水资源的同时，也排出大量的污水，约城市用水的 70% 将变为污水，如此巨大数量的污水排入自然水体是造成河流污染、水环境恶化的主要原因；另一方面，城市污水不但数量巨大而且水量稳定，能够满足城市工业与生活用水连续性与稳定性的要求，具有很大的开发利用潜力，而且目前的技术完全有能力把污水处理为符合回用目的的水。从循环经济理念看，污水资源化是实现水资源持续利用的方式。目前，我国城市污水的回用量非常少，提倡把污水作为城市水资源的一部分加以利用，对节约珍贵的淡水资源、保护自然水环境和缓解城市水资源短缺，具有重要的意义。

（三）海水

由于海水含盐量高，不适宜作为生活和工业用水，随着科学技术的发展，人类已能把海水处理为能为人利用的水质，甚至达到饮用水的标准。沿海缺水城市首先对海水进行了开发，在部分沿海城市，海水已成为重要供水水源，主要用于电力、化工、冶金等工业行业，以及海水冲厕、饮用等生活用水。虽然海水的淡化还存在着经济费用高、技术难度大的问题，但把海水纳入沿海城市可利用水资源的一部分，积极鼓励开发利用海水资源，是促进海水利用技术的发展，解决沿海城市水资源问题很有发展潜力的途径。

（四）客水

随着城市水资源供需矛盾的尖锐，城市水源有向区外延伸的趋势，如天津的引滦水、青岛的引黄水等。跨流域调水存在着工程投资大、技术复杂、生态破坏等诸多问题，并

不属于城市鼓励开发利用的范畴，但对水资源极度缺乏的城市，跨流域调来的客水已成为城市水源的重要组成部分，例如天津的引滦水，对于支持城市的发展起着重要的作用。

污水、雨水、苦咸水和海水、客水，在一些缺水城市已有小规模的应用，但尚未得到广泛的重视。把污水、雨水、苦咸水和海水、客水明确纳入城市水资源，进行综合的分析评价，对于促进城市水资源的优化利用、良性循环，实现水资源可持续利用具有重要的意义。对于具体的城市，由于自然地理条件不同，城市水资源的组成也有所不同，如沿海城市的水资源中可包括海水，而内陆城市则不一定包括海水。

## 二、新时期城市水资源开发利用和管理的措施

### （一）新时期城市水资源开发利用战略

#### 1. 提高水资源的利用效率

充分挖掘水资源潜力，并采取先进的工艺流程，提高工业用水的重复利用率和降低工业用水定额，是缓解城市供水紧张的一项重要措施，也是建立节水型社会生产体系的重要组成部分。中国工业用水 20 世纪 60% ～ 70% 是冷却用水，对水质影响不大，完全具备重复利用的条件。近年来中国不少开采地下水的城市采取空调冷却用水回灌再利用措施，取得良好效果。

#### 2. 废水净化再利用，实行废水资源化

严格控制污水排放，加强污水净化处理能力。如果 60% 的废污水能够得到处理转化为再生水，用来弥补全国的缺水量还绰绰有余。所以，废水净化再利用，实行废水资源化，既能缓解城市用水的供需矛盾，又可防止污染，保护生态环境，具有明显的社会、经济与生态环境效益。

#### 3. 充分利用矿坑排水，实行排供结合

目前已知沿太行山麓就有不少煤田，由于大水矿床疏干问题得不到解决而未能开发。

如果矿山排水能与当地城市供水结合起来，就能一举两得。现在有些城市，如河南的平顶山市和焦作市，在实行矿山排供结合方面都已取得较好效果。由此可见，如果处理得当，采取超前疏干等措施，不仅有利于解决城市或工业供水水源，也有利于解决矿坑水患。所以，大水矿床实行排供结合是解决某些城市水资源紧缺的重要措施之一。

#### 4. 开发利用雨洪水、咸水与海水

开发利用雨水已成为当今世界水资源开发的潮流之一。城市大面积建筑群形成的

不透水面使雨水收集具备最有利的条件。城市面积越大，降水越多，可望收集的雨水也越多。

城市雨水收集不仅使城市供水得到大量补充，同时还可缓解城市下游的雨洪威胁。

中国沿海地区和内陆地区，地下咸水（包括微咸水）分布较广，如华北平原。如果采取淡化措施，仍有一定的利用价值。国外许多滨海城市，还利用海水作为工业用水。海水的开发利用潜力很大，是缓解滨海地区水资源供需矛盾的一项重要对策。

### 5. 开展地下水资源的人工补给

根据国外经验，采取地表水、地下水联合开发，相互调剂，利用多余洪水对地下水进行人工调蓄措施，是扩大水资源和解决地下水过量开采的有效途径。发达国家在城市取水过程中，20% ～ 40% 的地下水依靠人工调蓄补给。

人工补给不能解决地下水过量开采问题，而且还有改良水质、排水回收利用、废水处理、阻止海水入侵、防止地面沉降、控制地震等重大技术用途。开发地下水库具有占用土地少、蒸发消耗小、调蓄能力强、引灌工程简便、工程周期短、耗资小、效益高等优点。根据华北降水年际变化的特点，拦蓄降水和地表弃水，建立地下水库，实行以丰补歉，能最大限度地对水资源进行多年调节，增大当地径流利用系数，提高城市供水的保证率。

## （二）新时期城市水资源管理措施

### 1. 节水优先，支撑社会经济可持续发展

根据区域水环境条件和水资源承载能力，制订城市产业结构、布局调整方案，调整与水资源条件和水资源供应不相适应的经济结构，使国民经济各产业发展和产业布局与水资源配置相协调，逐步建立与区域水资源和水环境承载力相适应的经济结构体系。确定水资源的“宏观控制指标”和“微观定额指标”，明确城市总体及各地区、各行业、各部门乃至各单位的水资源使用权指标，确定产品生产或服务的科学用水定额，以促进城市产业结构调整，逐步淘汰高耗水、高污染行业。对非工业行业和居民生活用水也开展定额用水管理。

可持续发展思想研究城市水资源问题，首先认为水资源是战略性经济资源，是国家综合国力的有机组成部分。其次认为水资源是有限的自然资源，不能取用无偿。随着城市人口增加、经济发展，供需矛盾加剧，人类认识到对自然资源必须计价。长期以来水资源市场化程度不高，水价过低，不能以水养水，不利于资源节约，水利工程被当成福

利性事业，投资难以回收，缺乏自我发展能力。因此，必须充分发挥市场在水资源配置中的基础性作用，建立合理的水价形成机制和水利投资机制。同时，转变经济增长方式，由传统工业文明的增长方式转向现代文明的可持续发展经济增长方式，提高用水效率，建立规范的水务市场、制定合理的水价机制可以有效促进水资源优化配置、激励提高用水效率、减少浪费。

为了适应社会主义市场和规则，按照我国水法规则和结合国际上城市水务管理经验，目前我国城市迫切需要建设以水权、排污权分配与交易为主导的水务市场，实现城市水务市场化。激活城市水务市场需要政府的角色从水务的提供者转向水务法规的制定者、水务市场监管者，引入市场机制，更多地依靠市场力量来建立合理的水权分配和市场交易经济管理模式。同时，允许水务资产结构、投资结构多样化、多元化，才能建立有效的利益激励机制和激励动力，才能实现“一龙管水，多龙治水”的目标。

技术性措施具体用于工业节水和市政节水领域。工业节水包括应用冷却系统节水、热力系统节水、工艺系统节水等各种节水工艺与设备等多方面。其中，工序间水的重复使用和套用，以及冷却水的循环使用是工业节水的重要技术对策。企业与工厂通过清洁生产审计，推广清洁工艺、节水技术、节水设备以大幅消减水耗改进废水处理工艺，使经过处理的废水再用于生产，逐步达到零排放，形成闭路系统。冷却水循环利用的关键是冷却塔的效率、水质稳定技术、提高循环水的浓缩倍数减少补给水用量，以及冷却塔中填料的形式和种类。同时采用低水耗和零水耗工艺，进一步提高节水效率。目前我国许多城市管网漏损率较高，加强城市供水管网的维护管理，改进测漏技术，采取有效措施进行治漏，减少网管漏失量是城市节水的重要方面。为此，实施供水管网更新改造，努力减少自来水在管网输送过程中的漏失和浪费。同时提高居民节水器具安装率，推广公共建筑节水技术、市政环境节水技术等，公园、大型绿地等用水采用节水型灌溉设施市政道路冲洗采用高压低流量设备等对节约居民生活用水和公共场所用水起到很大的作用。

### 2. 控制污染，维护良好的水环境和生态系统

由于城市人口增加，城市规模的不断扩大，城市污水排放量急剧增加，严重威胁城市水环境。提高城市污水处理厂的效率，采取集中式污水处理模式，借鉴国外先进的污水集中处理工艺，不断提高污水处理设施规模和污水处理率，削减污染物排放总量。

城市污染河流的治理应进行分类，对于不同程度的河流或河段采用不同的治理方法和手段。轻度污染河流的治理对策主要有沿河污染源控制面源控制、人工湿地等河流水质改善对策河水增氧、生态砾石床、富营养化防治等；河流生态修复对策生态堤岸、生

物多样性建设等河道防洪对策文化景观与景观保护对策水文化、文化古迹、生态景观。城市黑臭水体或重度污染河流的治理手段则包括河滨污水净化系河道曝气增氧、河道陆生浮床网状生物膜生态修复与净化。其中生态修复是城市污染河流控制必不可少的措施，包括恢复河流水体生态系统和河流沿岸上生态系统。城市河流的主要生态修复技术有增氧曝气技术、生态浮床技术、生态复合填料技术等。

按照“科学回灌、高效回灌、清洁回灌”的原则，合理利用经济、法律、行政等调控手段，提高回灌能力，确保地下水水体不受污染。同时制订计划分阶段逐步停止取用地下水，实现采灌平衡。

### 3．完善水安全管理信息系统，加速“人水和谐”信息化建设

面临城市水危机，实现人水和谐相处，水资源可持续利用，需要建立以信息系统为基础的、与社会经济和生态环境协调发展的水安全管理信息系统，完善城市水的供、用、耗、排全过程全要素监控系统。如城市水文水质监测系统，城市供排水监控系统，城市用水与耗水监控系统，废污水排放监测系统，以及相关的预警预报系统等，实行水资源、水生态、水环境三位一体的综合管理。对城市水资源利用系统实时监控，确保供给不能超过水资源的可持续供应量，水质不应随时间下降，有效保护、合理配置、高效利用水资源，确保城市人类系统、社会经济系统和环境系统的可持续发展。

### 4．加强水危机管理，提高应急应变能力

水危机管理包括洪水危机管理、枯水危机管理、水环境危机管理和水生态危机管理。在水危机管理中首先要防止人为造成的水危机，从维护河流健康、水资源安全、饮水安全、生态环境安全、粮食安全、人民生命安全出发建立水安全保障体系和应急应变机制。水危机管理不仅是水行政主管部门的职责，也是全社会的活动，城市整体居民都需要有水危机预防的意识，避免城市遭受水危机、水土流失、水环境污染和破坏等影响，促进城市可持续发展。

### 5．信息公开，多方参与管理

城市水资源保护与可持续管理必须达到社会共识后才能顺利展开，管理部门和社会团体的通力合作是城市实现人水和谐的保障。逐步提高居民的环境保护意识，通过各种渠道阐述城市蔓延及其他污染行为对社会造成的危害，建立方便的公众参与及公众环境教育体系，满足群众的知情权。社会各界的积极参与和关注可使项目本身获得社会各个阶层和团体的广泛支持和配合，取得自身需求的信息，同时置身于一个相对完善的监督体系之中，能够及时纠错。

# 第二节　农业水资源开发

当我国城市因为人们生活和工业用水增加而面临缺水的时候，农村也正面临着水荒。随着农村城镇化建设步伐的加快，我国农村水资源短缺、水质污染、用水效率低等问题日益突出，严重制约着农村社会的可持续发展。如何加强农村水资源的有效利用，保持水资源可持续发展，满足人们日常生活和农业生产的需求，成了我们现阶段迫切需要解决的问题。

## 一、农村水利现代化

随着我国建设社会主义新农村步伐的日益加快，农村的水利建设也随之发展和壮大起来，并且新农村的建设对农村水利建设提出了进一步的全新要求，也就是尽可能地实现从以往较为传统的水利逐渐向可持续发展水利建设及现代化水利建设的不断转变，充分坚持自然和人的和谐及协调，以农村水资源的可持续利用来不断推动经济社会的迅速发展。

### （一）农村水利现代化的内在含义

为了能够实现水利的可持续发展及可持续利用水资源，从根本上实现自然与人类之间的和谐共处的目标，我国国内已经有了非常多的水利现代化研究成果。

结合充分的思考和大量的调查研究，再通过实践的总结，要想初步对农村现代化加以理解则须考虑这些方面：

（1）应当合理科学地利用水资源，普遍地运用节水灌溉技术，提高水分生产率和用水效率。

（2）应当建立起防涝防洪的安全保障体系，及时解决水资源供给问题。

（3）应当有保证率较高的灌溉水和先进的灌排水设施。

（4）应当将农村自来水加以普及，并且及时地处理农村排放的污水，创建优美的用水环境，提高饮用水供应标准。

（5）应当建立科学的良性运行机制和水资源管理体系。

（6）应当有一支综合素质高的管理水利工程的队伍，充分地实现依法管水及依法

治水。

（7）建立完善的水利服务体系和水利技术推广体系。

（二）农村水利现代化

水利是国民经济和社会发展的命脉，更是农业的命脉。水是一切农作物生长的基本条件，农作物在整个生长期中都离不开水，没有水就没有农业。新中国成立以后，粮食产量有了大幅增长，而这个增长是和灌溉面积的增长同步的，要扩大灌溉面积，必须有足够的农业水资源，然而现实是农业不可能长期维持用水第一大户的地位，未来的农业用水只能是零增长或负增长，用水量是不能增加的。因此，唯一的选择只能是提高水的利用效率，减少水的浪费，从农业节水上挖潜，从而达到扩大灌溉面积、提高粮食产量的目的。

由于中国对农业水资源管理不善，先进的农业节水技术和现代化的管理措施没有得到大面积的应用与推广，水资源的浪费是非常严重的。中国主要灌区的渠系水利用系数只有 0.4 ～ 0.6，也就是说大约有一半的水白白浪费掉了。在田间灌水中，习惯了大畦漫灌，每次的灌水量过大，总的灌溉定额也偏大，北方灌区的灌溉定额高出作物实际需要的 2 ～ 5 倍，浪费是惊人的。有人估计，每年农业浪费的水量达 1000 亿立方米。所以说发展高效用水的农业不仅是必须的，因为农业水资源的零增长或负增长；同时也是可能的，因为农业用水还存在着很大的浪费。提高水的利用率，发展节水农业是解决未来农业水资源短缺的根本出路，也是现代农业的基本要求。

（三）发展高效用水的现代化农业是长期的战略任务

水资源短缺已成定局，作为用水量占 80% 的农业用水必须提高水的利用率，让有限的农业水资源满足农业生产的需要，农业节水是长期的战略任务。

农业灌溉将水自水源输送到农田，满足作物需要可以划分为三个环节：第一个环节是通过灌溉输配水系统，将水自水源引至田间；第二个是在田间地表水入渗到土壤中，在土壤中再分配转化为土壤水，而后被作物吸收；第三个是作物吸收水分后通过光合作用将辐射能转化为化学能，最后形成有机物质——碳水化合物。

高效用水的目标是极大地提高上述三个环节水的转化和产出效率，既节水又高产。在第一个环节上，要提高输水的效率，其措施是通过工程的投入，实行输水渠道的配套、防渗，将来实行输配水管道化，从而大大减少渗漏损失和蒸发损失。在第二个环节上，要合理地调控农田水分状况，使引进田间的水最大限度地为农作物所利用。在第三环节

上就是要调控土壤和地表面附近的大气环境，使农作物的生长有一个良好的外在环境。对于第二、三环节要逐步推广喷灌、滴灌等先进灌水技术、田间覆盖保墒技术，并加强田间用水管理。

中国高效用水农业的形成必须以农业灌溉技术变革为前提，而农业灌溉技术的变革又是以现代农田灌溉理论为先导。其理论框架和技术体系是：以高效用水为节水高产的灌溉目标，以土壤水分转化和消耗规律为中心的农田土壤—植物—大气（SPAC）理论，以作物水分生产函数为中心的作物需水规律，以水分调控指标和手段为中心的技术体系。

目前，先进灌水技术的推广步伐正在加快，但受经济实力的制约，在相当长的时间中国仍将以地面灌水为主要灌溉方式，因此，地面节水灌溉技术应是目前推广先进灌水技术的重点。其主要方法有：

（1）加大田间流速以减少渗流。

（2）实行输配水的管道化以减少用土渠输配水的沿程损失。

（3）对现有渠道进行防渗改造以减少渗漏损失。

（4）发展间歇灌溉，以增加灌水流速，减少深层渗漏损失。

在采用技术措施的同时，还要重视非技术措施，如完善管理体制和技术服务体系，农业供水水价的合理调整等，从而提高田间作物水的生产率。

## 二、农村水资源管理的可持续发展对策

造成我国农村水资源上述问题的原因是多方面的，如水资源自然分布不均、全球气候条件变化及人口激增等。但笔者认为，其根本原因在于我国农村现行的水资源管理体制——管水部门重复设置、协调难度大、制度建设缺少人性化等。为实现农村水资源可持续发展，提出以下对策：

### （一）树立水资源可持续发展的观念

相对于城市，农村对于节约用水的宣传非常少。所以针对农村水资源存在的问题，相关部门在进行城市、工业节约用水宣传的同时也应该注重农村生活、生产节约用水的宣传，广泛开展农村水资源知识的教育，提高农村居民的认识，增强农村居民的节约用水意识。

（二）建立统一的农村水资源管理体制、节水激励体制

现行农村水资源管理中，条块分割现象严重，各管水部门缺乏有效监督和协调，这对水资源的合理开发、利用，水环境的保护和治理极为不利，也是造成农村水资源利用低效、污染严重和开采过度等问题的体制性根源。因此，必须彻底打破“多龙管水”的格局，将现有水资源管理部门统筹起来，建立统一的农村水资源管理机构，把农村水资源开发、利用、治理、配置、节约、保护有效结合起来，实现水资源管理在空间与时间的统一、质与量的统一、开发与治理的统一、节约与保护的统一，并实行从供水、用水、排水到节约用水、污水处理再利用、水资源保护的全过程管理体制。唯有如此，才能实现农村水资源的可持续利用。

面对水资源短缺的严峻形势，节水将是缓解我国农村水资源压力的唯一出路：节水可以提高水资源利用效率、降低供水成本、减少污水排放等。但是，由于现有的管理体制中普遍缺乏对节水的激励机制，大多数农民的节水意识和观念不强，水资源污染治理低效，节水投入不足，因而，必须建立包括农业用水总量动态控制监测、水权转让、水资源有偿使用和取水许可等制度方面的一整套的节水激励运作机制，充分调动农村水资源的使用者和管理者的积极性，实现水资源的高效利用和科学管理。

（三）健全农村水资源管理的法律制度、推进水资源管理的民主进程

通过法律途径加强农村水资源管理是依法治国的应有之义，同时为农村水资源管理的有效实施提供坚强的制度保障，也是水资源调配、节约、保护等得以顺利开展的前提和方向。新中国成立以来，我国先后制定了多部关于水资源利用、保护和管理，防治水质污染和水害等方面的法律和法规。但是，随着社会的发展，水法的滞后性也逐渐凸显出来，无法适应社会发展的新要求，如地下水的保护，公众参与农村水资源管理的资格获取，节水农业建设等内容的缺失。因此，必须健全农村水资源管理的法律制度，加大水资源管理执法监督力度，提高水行政管理者的综合素质以保证“依法治水”，并最终实现农村水资源的可持续利用战略。

（四）改善传统的农业灌溉设施、因地制宜发展节水型农作物

国家应加强农业灌溉设施基础建设的投入。从灌溉源头上更新陈旧的水利设施，在水流过程中对水渠进行防渗处理或采用以管代渠方式，在灌溉作物时采用喷灌、微灌、滴灌等节水技术，发展各项节水技术的综合集成，最大限度地减少农田灌溉各环节水的

损失，提高水资源的总体利用效率，实现从传统的粗放型灌溉农业向高效节水的现代集约型灌溉农业的转变。

调整农业种植结构和水资源的优化配置是农业合理用水、提高水资源利用效率、保证农业持续发展的宏观措施。不同作物具有不同的需水量和需水规律，要针对各地区的水资源条件，利用优化技术，把不同作物进行合理搭配，优化配水，使水资源利用达到最佳。品种既是节水高产的内涵，又是节水技术的重要载体，不仅科技含量高，而且投入少、见效快。在农村干旱地区要加大抗旱品种的应用推广力度。

（五）保护好现有水资源、充分利用自然降水资源

保护好农村的现有水资源，要采取水资源保护与水污染处理相结合的方式。第一，严格控制农村周边地区对河道的挖砂行为，以及村属企业对水资源的过度利用，防止地下水位下降；第二，要控制污染物的排放，防止水资源污染。要改变农村的生活就地排放的方式，采取一定的处理措施后再排放；科学合理施用化肥、农药，杜绝使用国家禁用的农药；对一些大型养殖场的畜禽粪便及时处理，防止其在长期堆放过程中随雨水径流污染水源。为了使农村的畜牧养殖粪便得以处理，降低其对水资源的污染，可以在农村推广“沼气工程”。这样既减少污染，又产生了供居民做饭、照明新能源沼气，同时也生产了比普通堆沤肥肥效更高的沼液、沼渣。

在水资源一定的情况下，自然界的雨水是水资源的唯一补给。对自然降水径流进行干预，通过一定的工程措施增加拦蓄入渗（如梯田）或减少蒸发（如覆盖）来利用雨水或通过一定的汇流面将雨水汇集蓄存，到作物需水关键期进行补灌的主动利用。在干旱缺水的丘陵山区，选择有一定产流能力的坡面、路面、屋顶，或经过夯实防渗处理的地方，作为雨水汇集区，将雨水引入位置较低的水窖或水窑内储存，经过净化处理，供农村人畜饮水和农作物灌溉用水。

## 第三节　海水资源开发

### 一、海水资源开发的背景

众所周知，水覆盖了地球轮廓的 2/3，可是淡水只有 3%，这其中还有 2% 被极地冰

川所封存，高达 97% 是不能饮用的海水。在唯独 1% 的淡水中，可以用来饮用和做其他生活用途的淡水所占比重较小。在用水上，农业领域为七成，工业领域为两成。全世界的淡水危机越来越严重，水资源的跨区域分布不均衡，导致世界各地缺水情况非常常见。长此以往，严重缺水的范围将会逐年扩大，缺水人口数量亦是如此。由此可见，淡水资源的珍贵程度不可小视，淡水资源缺乏是全球面临的严重问题之一。

我们国家的水资源十分缺乏，人均水资源拥有量，只有全球平均水平四分之一。近几年来我国的极端气候发生的频率呈现增高趋势，区域之间水资源分布不平衡的问题加重，水资源短缺的事态越发严峻，在部分地区居民的正常生产生活已遭受不良影响。我国淡水资源问题不容忽视。水资源的缺乏成为我们国家的经济社会持续发展的关键障碍物。沿海区域多为我国经济层面相对比较发达的地方，同时又属于我国缺水的地区，水资源供需矛盾极为尖锐。而且，在我们国家拥有将近 6500 个面积超过 500m$^2$ 的岛屿，由于缺乏淡水水源的原因，大部分的岛屿不能开发和居住，接近 400 个岛屿上面有居民常住于此，但是也存在着或多或少的缺水状况。众所周知，海岛关系到国家安全和国家权益，有着十分重要的军事和经济战略地位，因此为了让海岛维持人类活动，海岛开发首先必须要解决的问题便是水资源的供应。我们国家是名副其实的海洋大国，所统领的海域面积有三百万平方千米，海岸线总长度大概有 3.2 万千米，其中大约 1.4 万千米的岛屿海岸线，1.8 万千米的大陆海岸线。在这种条件下，向海取水，处理水资源短缺难题的关键方法之一便是充分利用好海水资源，这也是我国实现节能减排、建设环境友好型和资源节约型社会、推进我国循环经济顺利进行的必由之路。

## 二、海水资源开发利用的主要形式

### （一）海水淡化

作为新起的比较有前景的海水淡化产业，出现至今已经有几十年了，正迅速发展。海水淡化是处理淡水资源缺乏问题的关键路径，指的是从海水中获得淡水。综合海水淡化技术方法来看，三个最重要的影响海水淡化成本的因素是能源成本、给水盐度水平、工厂规模。由于给水中含盐度的增加，导致海水淡化需要适用更多的设备或者需要更长的时间，所以也将导致成本的增加。一般来说，海水淡化的成本是淡盐水脱盐的 3 ～ 4 倍。总体来讲，尽管海水淡化的成本是比较昂贵的，但是随着规模效益、竞争的影响、海水淡化技术的改进、可再生能源的使用，相信海水淡化成本在不久的将来应该还会下降。

海水淡化厂的建设首先要考虑厂址的选择对于沿海生态系统的影响，海水淡化厂会产生独特的环境影响问题，主要是微咸水或者海水的摄取对海洋生态环境产生影响，例如对于鱼类及其他生物的夹带及冲击影响，或者对于静岸水流的改变。其次，还需要考虑到海水淡化产生的较高浓度的盐水该如何处理。对于浓盐水的排放问题，国外的海水淡化厂通过自然融合的方法，让浓海水流入大海中央，以此来防止浓盐水问题形成片区的污染。近几年来，我国的海水淡化产业规模逐渐增大，产业逐步发展，并且成本呈现出减少趋势。

（二）海水直接利用

海水直接利用对于沿海城市用水紧张的缓解方面具有重要意义，就是用海水直接作为淡水的替代物，用于生活及工业领域。其中，利用最为广泛的就是工业用水和大生活用水。将海水用于冷却用水，是拥有海水资源国家的常见做法，全球海水冷却用水量在海水取用量中比例超过 90%。20 世纪 30 年代开始日本就把海水当成工业直接冷却水，现在沿海所有的电力、化工、钢铁企业差不多都用了海水直接冷却技术。

我们国家现在充分运用了海水直接冷却技术，其中的有关指标（比如钢碳在海水利用中的腐蚀控制指标）已经位于世界领先水准；沿海的一些火力发电厂逐渐开始应用海水脱硫；核电厂及火电厂使用海水当成工业冷却水已经形成了相当的规模。

另外，在用海水淡化过程中的废液来造“人工死海”、海水冲厕、利用海水资源浇灌蔬菜等领域，我国获得了很多有益经验和成就。自从 20 世纪中期，海水的冲厕技术在香港地区开始后，如今已拥有了一系列健全的管理及处置流程。内地沿海一带，海水冲厕技术处于成长阶段，不过到现在为止取得了一系列不小的成就，海水资源直接利用的前景还是相当乐观的。

## 第四节　水能开发

### 一、水能

水能是一种能源，是清洁能源，是绿色能源，是指水体的动能、势能和压力能等能量资源。

水能是一种可再生能源，水能主要用于水力发电。水力发电将水的势能和动能转换成电能。以水力发电的工厂称为水力发电厂，简称水电厂，又称水电站。水力发电的优点是成本低、可连续再生、无污染。缺点是分布受水文、气候、地貌等自然条件的限制大。容易被地形、气候等多方面的因素所影响，国家还在研究如何更好地利用水能。

（一）原理

水的落差在重力作用下形成动能，从河流或水库等高位水源处向低位处引水，利用水的压力或者流速冲击水轮机，使之旋转，从而将水能转化为机械能，然后再由水轮机带动发电机旋转，切割磁力线产生交流电。而低处的水通过阳光照射，形成水蒸气，循环到地球各处，从而恢复高位水源的水分布。

水不仅可以直接被人类利用，它还是能量的载体。太阳能驱动地球上水循环，使之持续进行。地表水的流动是重要的一环，在落差大、流量大的地区，水能资源丰富。随着矿物燃料的日渐减少，水能是非常重要且前景广阔的替代资源。世界上水力发电还处于起步阶段。河流、潮汐、波浪及涌浪等水运动均可以用来发电，也有部分水能用于灌溉。

（二）特点

水能资源最显著的特点是可再生、无污染。开发水能对江河的综合治理和综合利用具有积极作用，对促进国民经济发展，改善能源消费结构，缓解由于消耗煤炭、石油资源所带来的环境污染有重要意义，因此世界各国都把开发水能放在能源发展战略的优先地位。

（三）缺点

不利方面有：水能分布受水文、气候、地貌等自然条件的限制大。水容易受到污染，也容易被地形、气候等多方面的因素所影响。

（1）生态破坏：大坝以下水流侵蚀加剧，河流的变化及对动植物的影响等。不过，这些负面影响是可预见并减小的。如水库效应。

（2）须筑坝移民等，基础建设投资大，搬迁任务重。

（3）降水季节变化大的地区，少雨季节发电量少甚至停发电。

（4）下游肥沃的冲积土减少。

（四）优点

其优点是成本低、可连续再生、无污染。

（1）水力是可以再生的能源，能年复一年地循环使用，而煤炭、石油、天然气都是消耗性的能源，逐年开采，剩余的越来越少，甚至完全枯竭。

（2）水能用的是不花钱的燃料，发电成本低，积累多，投资回收快，大中型水电站一般 3 ～ 5 年就可收回全部投资。

（3）水能没有污染，是一种干净的能源。

（4）水电站一般都有防洪灌溉、航运、养殖、美化环境、旅游等综合经济效益。

（5）水电投资跟火电投资差不多，施工工期也并不长，属于短期近利工程。

（6）操作、管理人员少，一般不到火电的三分之一人员就足够了。

（7）运营成本低，效率高。

（8）可按需供电。

（9）控制洪水泛滥。

（10）提供灌溉用水。

（11）改善河流航动。

（12）有关工程同时改善该地区的交通、电力供应和经济，特别可以发展旅游业及水产养殖。美国田纳西河的综合发展计划，是首个大型的水利工程，带动着整体的经济发展。

## 二、水能资源

以位能、压能和动能等形式存在于水体中的能量资源，又称水力资源。广义的水能资源包括河流水能、潮汐水能、波浪能和海洋热能资源，狭义的水能资源指河流水能资源。在自然状态下，水能资源的能量消耗于克服水流的阻力，冲刷河床、海岸、运送泥沙与漂浮物等。采取一定的工程技术措施后，可将水能转变为机械能或电能，为人类服务。

（一）狭义水能资源

水能资源指水体的动能、势能和压力能等能量资源。是自由流动的天然河流的出力和能量，称河流潜在的水能资源，或称水力资源。

水能是一种可再生能源（见新能源与可再生能源）。到 20 世纪 90 年代初，河流水能是人类大规模利用的水能资源；潮汐水能也得到了较成功的利用；波浪能和海流能资源则正在进行开发研究。

人类利用水能的历史悠久，但早期仅将水能转化为机械能，直到高压输电技术发展、水力交流发电机发明后，水能才被大规模开发利用。目前水力发电几乎为水能利用的唯一方式，故通常把水电作为水能的代名词。

构成水能资源的最基本条件是水流和落差（水从高处降落到低处时的水位差），流量大，落差大，所包含的能量就大，即蕴藏的水能资源大。水能是清洁的可再生能源，但和全世界能源需要量相比，水能资源仍很有限，即使把全世界的水能资源全部利用，在 20 世纪末也不能满足其需求量的 10%。

（二）广义水能资源

风和太阳的热引起水的蒸发，水蒸气形成了雨和雪，雨和雪的降落形成了河流和小溪，水的流动产生了能量，称为水能。

当代水能资源开发利用的主要内容是水电能资源的开发利用，以至人们通常把水能资源、水力资源、水电资源作为同义词，而实际上，水能资源包含着水热能资源、水力能资源、水电能资源、海水能资源等广泛的内容。

### 1. 水热能资源

水热能资源也就是人们通常所知道的天然温泉。在古代，人们已经开始直接利用天然温泉的水热能资源建造浴池，沐浴治病健身。现代人们也利用水热能资源进行发电、取暖。

### 2. 水力能资源

水力能包括水的动能和势能，中国古代已广泛利用湍急的河流、跌水、瀑布的水力能资源，建造水车、水磨和水碓等机械，进行提水灌溉、粮食加工、舂稻去壳。18 世纪 30 年代，欧洲出现了集中开发利用水力资源的水力站，为面粉厂、棉纺厂和矿山开采等大型工业提供动力。现代出现的用水轮机直接驱动离心水泵，产生离心力提水，进行灌溉的水轮泵站，以及用水流产生水锤压力，形成高水压直接进行提水灌溉的水锤泵站等，都是直接开发利用水的力能资源。

### 3. 水电能资源

19 世纪 80 年代，当电被发现后，根据电磁理论制造出发电机，建成把水力站的水

力能转化为电能的水力发电站，并输送电能到用户，使水电能资源开发利用进入了蓬勃发展时期。

现在我们所说的水电能资源通常称为水能资源。在水能资源中，除河川水能资源外，海洋中还蕴藏着巨大的潮汐、波浪、盐差和温差能量。当前人类对海洋水能资源的利用只有对潮汐能的开发利用技术达到了可以大规模开发的实用性阶段，其他能源的开发利用都还须进一步研究，在技术经济的可行性上取得突破性成果，达到实用的开发利用程度。我们通常所提到的开发利用海洋能，最主要是开发利用潮汐能。月球和太阳对地球海水面吸引力引起海水水位周期性的涨落现象，称为海洋潮汐。海水涨落就形成了潮汐能。从原理上讲，潮汐能是一种利用潮位涨落产生的机械能。

### 4. 中国河川水能资源的特点

（1）资源量大，占世界首位。

（2）分布很不均匀，大部分集中在西南地区，其次在中南地区，经济发达的东部沿海地区的水能资源较少。而中国煤炭资源多分布在北部，形成北煤南水的格局。

（3）大型水电站的比重很大。

## 三、水能开发方式

开发利用水体蕴藏的能量的生产技术。天然河道或海洋内的水体，具有位能、压能和动能三种机械能。水能利用主要是指对水体中位能部分的利用。水能开发利用的历史也相当悠久。

早在 2000 多年前，在埃及、中国和印度已出现水车、水磨和水碓等利用水能于农业生产。18 世纪 30 年代开始有新型水力站。随着工业发展，18 世纪末这种水力站发展成为大型工业的动力，用于面粉厂、棉纺厂和矿石开采。但从水力站发展到水电站，是在 19 世纪末远距离输电技术发明后才蓬勃兴起。

水能利用的另一种方式是通过水轮泵或水锤泵扬水。其原理是将较大流量和较低水头形成的能量直接转换成与之相当的较小流量和较高水头的能量。虽然在转换过程中会损失一部分能量，但在交通不便和缺少电力的偏远山区进行农田灌溉、村镇给水等，仍不失其应用价值。20 世纪 60 年代起水轮泵在中国得到发展，也被一些发展中国家所采用。

水能利用是水资源综合利用的一个重要组成部分。近代大规模的水能利用，往往涉及整条河流的综合开发，或涉及全流域甚至几个国家的能源结构及规划等。它与国家的工农业生产和人民的生活水平提高息息相关。因此，需要在对地区的自然和社会经济综合研究基础上，进行微观和宏观决策。前者包括电站的基本参数选择和运行、调度设计等。后者包括河流综合利用和梯级方案选择、地区水能规划、电力系统能源结构和电源选择规划等。实施水能利用需要应用到水文、测量、地质勘探，水能计算、水力机械和电气工程、水工建筑物和水利工程施工，以及运行管理和环境保护等范围广泛的各种专业技术。

# 第七章　水资源开发利用工程

## 第一节　地表水资源开发利用工程

### 一、引水工程

引水工程是借重力作用把水资源从源地输送到用户的措施。近年来，人类社会为了满足经济发展和社会进步的需求，许多国家积极发展水利事业，通过引水工程解决水资源匮乏及水资源分配不均的问题。引水工程是为了满足缺水地区的用水需求，对水资源进行重新分配，从水量丰富的区域转移到水资源匮乏区域。能够有效地解决水资源地区分布不均和供需矛盾等问题，对水资源匮乏地区的发展和水资源综合开发利用具有重要的意义。引水工程不仅能够缓解水资源匮乏地区的用水矛盾，而且改善了人们的生产及生活条件，同时促进了当地经济社会的快速发展。然而，在引水工程带来可观的经济效益和社会效益的同时，其建设期和项目实施后也引起了不同程度的生态环境负面影响。

任何事物都是有利有弊的。在对水资源进行人工干预后，不仅会使河流水量发生变化，也会对河流的水位、泥沙等水文情势产生巨大的影响。如果工程范围内存在污染源，或者输水沿线外界污染源进入输水管道，就有可能对受水区的水质造成污染。在取水口下游，减水河段可能呈现断流状态，水生生物的栖息地受到破坏，局部生态系统会由水生转变为陆生，极大地削弱了河流自净能力，从而加重河流污染等。

长距离引水是一项引水距离相对较远、供水流量相对较大、供水历时相对较长的引水工程。长距离引水工程中主要会遇到的问题有：水源的取水口的选择，引水管线路径的选择，引水管材的选择，整体工程经济效益的考察，沿途生态环境的影响，引水水质、水量的变化，等等。

（一）水源污染

长距离引水工程中，水源水质是引水工程的基础。我国幅员辽阔，各地根据自身情况决定用水水源。水源按其存在形式一般可分为地表水源和地下水源两大类；而饮用水水源主要采用地表水源。

江河水是地表水的主要水源。由于江河水主要来源于雨雪，受地理位置、季节的影响很大。水质方面与地下水有截然不同的特点，水中杂质含量较高，浊度高于地下水。河水的卫生条件受环境的影响很大。一般来讲，河流上游水质较好，下游水质较差。流量大时，污染物得到稀释，水质稍好；流量越小，水质越差。水的温度季节性变化很大。用地表水做水源，一般都须经过混凝、沉淀、过滤等处理，污染严重的还要进行深度处理。但地表水的矿化度、硬度及铁锰的含量一般较低。

湖泊和水库水体大，水量充足，流动性小，停留时间长，水中营养成分高，浮游生物和藻类多，不利于水质处理，蒸发量大，使水体浓缩，因而含盐量高于江河水。沉淀作用明显，浊度较江河水低，水质、水量稳定。

（二）季节性水质威胁

自 20 世纪 70 年代以来，包括中国在内的许多国家都发生过湖泊水质在短短几天内严重恶化，水体发黑发臭，大量鱼类死亡的现象。中国北京、贵州、广东和湖北等地都先后有这种现象发生。这种现象的实质是沉积物生物氧化作用对水质变化的影响，这种突发性水质恶化现象称为湖泊黑潮。科学家研究表明，湖泊黑潮现象往往发生在秋季。入秋后，沉降于湖底的有机质在微生物作用下发生分解，湖底处于缺氧状态，出现 pH 值降低、亚硝酸根浓度增高的状态。恶性循环进一步导致水体缺氧加剧，硫化物的扩散使水体变黑发臭。当气温骤然下降，湖泊上层水温低于湖底水温，导致沉积物微粒再悬浮作用，加剧水质恶化。随着水体耗氧与复氧过程的平衡和水流输送，水质可望在一段时期（如 2 ～ 3 个月）内得到好转。在湖泊水质变化的自然过程中，人类对水体的干扰，如工业污染物和生活污染物的排放促成了湖泊黑潮的产生。

（三）现有水源水量保障能力不足

水资源是城市基础性自然资源，也是支撑城市发展的战略性资源。对于城市来讲，附近流域内水源和地下水是保障城市供水的主要水资源，是保障城市建设和发展战略的重要组成部分。我国南方降雨频繁，河水水量充沛，北方雨水少，河水流量冬夏相差很大，旱季许多河流断流，严寒地带，冬季河流封冻，引水和取水困难。部分城市由于连续干

旱少雨，使流域内水源出现断流和地下水长期处于超采状态，应急水源地超限运行，供水能力持续下降，地下水资源的战略储备明显不足，无论是在水资源安全保障性，还是水资源开发保护程度方面，与水量充沛的城市相比，还存在较大差距；同时流域河流断流和地下水位持续下降还带来一系列生态环境问题。因此，根据城市水资源的现实状况，应给予高度重视，有针对性地开展长距离引水的水资源储备研究工作，提高水资源的支撑能力和改善生态环境。

## 二、蓄水工程

### （一）蓄水工程

#### 1．拦河引水工程

按一定的设计标准，选择有利的河势，利用有效的汇水条件，在河道软基上修建低水头拦河溢流坝，通过拦河坝将天然降水产生的径流汇集并抬高水位，为农业灌溉和居民生活用水提供保障的集水工程。

#### 2．塘坝工程

按一定的设计标准，利用有利的地形条件、汇水区域，通过挡水坝将自然降水产生的径流存起来的集水工程。拦水坝可采用均质坝，并进行必要的防渗处理和迎水坡的防浪处理，为受水地区和村屯供水。

#### 3．方塘工程

按一定的设计标准，在地表下与地下水转换关系密切地区截集天然降水的集水工程。为增强方塘的集水能力，必要时要附设天然或人工的集雨场，加大方塘集水的富集程度。

#### 4．大口井工程

建设在地下水与天然降水转换关系密切地区的取水工程，也是集水工程的一个组成部分。

### （二）蓄水灌溉工程

调蓄河水及地面径流以灌溉农田的水利工程设施。包括水库和塘堰。当河川径流与灌溉用水在时间和水量分配上不相适应时，需要选择适宜的地点修筑水库、塘堰和水坝等蓄水工程。蓄水工程分水库和塘堰两种。

#### 1．水库

有单用途的，如灌溉水库、防洪水库；有多用途的，即兼有灌溉、发电、防洪、航运、

渔业、城市及工业供水、环境保护等（或其中几种）综合利用的水库。

水利枢纽工程一般由水坝、泄水建筑物和取水建筑物等组成。水坝是挡水建筑物，用于拦截河流、调蓄洪水、抬高水位以形成蓄水库。泄水建筑物是把多余水量下泄，以保证水坝安全的建筑物。有河岸溢洪道、泄水孔、溢流坝等形式。取水建筑物是从水库取水，供灌区灌溉、发电及其他用水需要，有时还用来放空水库和施工导流。放水管一般设在水坝底部，装有闸门以控制放水流量。

库址选择要考虑地形条件、水文地质条件和经济效益等。坝址谷口尽量狭窄、库区平坦开阔、集水面积大，则可以较小的工程量获得较大的库容。此外还要综合考虑枢纽布置及施工条件，如土石坝的坝址附近要有高程适当的鞍形垭口，以便布设河岸溢洪道。坝基和大坝两端山坡的地质条件要好，岩基要有足够的强度、抗水性（不溶解、不软化）和整体性不能有大的裂隙、溶洞、风化破碎带、断层及沿层面滑动等不良地质条件。非岩基也要求有足够的承载能力、土层均匀、压缩性小、没有软弱的或易被水流冲刷的夹层存在。坝址附近要有足够可供开采的土、砂、石料等建筑材料和较开阔的堆放场地等。水库的集水面积和灌溉面积的比例应适当，并接近灌区，以节省渠系工程量和减少渠道输水损失。此外还尽可能考虑水库的多种功能，取得较高的综合效益。

从山谷水库引水灌溉的方式有三种：

（1）坝上游引水

通过输水洞将库水直接引入灌溉干渠，或在水库适宜地点修建引水渠首枢纽。

（2）坝下游引水

将库水先放入河道，再在靠近灌区的适当位置修筑渠首工程，将水引入灌区。适用于灌区距水库较远的地方。

（3）坝上游提水灌溉

在蓄水后再由提水设备将水输入灌溉干渠。

平原水库，即在平原洼地筑堤建闸，拦蓄河道及地表径流，以蓄水灌溉或蓄滞洪水。有的也可用于生活供水和养殖。

## 2. 塘堰

主要拦蓄当地地表径流。对地形和地质条件的要求较低，修建和管理均较方便，可直接放水入地。塘堰广泛分布在南方丘陵山区。

## 三、输水工程

### （一）输水管道

从水库、调压室、前池向水轮机或由水泵向高处送水，以及埋设在土石坝坝体底部、地面下或露天设置的过水管道。可用于灌溉、水力发电、城镇供水、排水、排放泥沙、放空水库、施工导流配合溢洪道宣泄洪水等。其中，向水轮机或向高处送水的管道，因其承受较大的内水压力，故称压力水管；埋设在土石坝底部的管道，称为坝下埋管；埋在地下的管道，称为暗管或暗渠。

坝下埋管由进口段（进水口）、管身和出口段三部分组成。管内水流可以是具有自由水面的无压流，也可是充满水管的有压流。进口段可采用塔式或斜坡式，内设闸门等控制设备。无压埋管常用圆拱直墙式，由混凝土或浆砌石建造：有压埋管多为圆形钢筋混凝土管。进口高程根据运用要求确定。除用于引水发电的埋管，管后接压力水管外，其他用途的坝下埋管出口均须设置消能防冲设施。埋管的断面尺寸取决于运用要求和水流形态：对有压管，可根据设计流量和上下游水位，按管流计算，并保证洞顶有一定的压力余幅；对无压管，可根据进口压力段前后的水位，按孔口出流计算过流能力，洞内水面线由明渠恒定非均匀流公式计算。管壁厚度按埋置方式（沟埋式、上埋式或廊道式），经计算并参考类似工程确定。

长距离输水工程，管材的选择至关重要，它既是保证供水系统安全的关键，又是决定工程造价和运行经费所在。目前国内用于输水的管道，主要有钢管、球墨铸铁管、预应力钢筒混凝土管（PCCP）和夹砂玻璃钢管。具体表现在：

#### 1. 预应力钢筒混凝土管（PCCP 管）

PCCP 管兼有钢管和钢筋混凝土管的优点，造价比钢管低，可以承受较高的工作压力和外部荷载，接口采用钢板冷加工成型，加工精度高。采用双橡胶圈，密封性能好，接口较为简单，在每根管插口的密封圈之间留有试压接口，调试方便，使用寿命长。

缺点：

（1）重量大、质地脆、切凿困难、施工难度相对较大。

（2）最大偏转角为 1.5 度，因此 PCCP 管对地形适应能力差。

（3）PCCP 管壁厚远大于钢管，其采用柔性接口连接，对基础及回填土要求较高。

（4）PCCP 管由于单节重量大，安装时对吊装设备要求高，工作面宽度要求比钢管宽，且受周边环境影响较大，不如钢管安装灵活。

（5）承插口钢圈比较容易产生腐蚀，因此，使用前必须做好防腐处理。

### 2. 球墨铸铁管

球墨铸铁管是20世纪50年代发展起来的新型管材，它具有较高的强度和延伸率，其机械性能可以和钢管媲美，抗腐性能又大大超过钢管，采用“T”形滑入式连接，也可做法兰连接，施工安装方便。

缺点：

（1）球磨铸铁管比钢管壁厚约1.5～2倍，单位长度造价比较高，连接方式比较复杂，笨重。

（2）对地形的适应能力相对钢管差一些。需要做牢砂垫层的铺设等基础工作。

（3）球磨铸铁管在DN500～1200区间价格比TPEP防腐钢管价格高。

### 3. 夹砂玻璃钢管

优点是材料强度高，密封性好。重量轻，管道内壁光滑，相应水头损失小，具有良好的防腐性，管道维修方便快捷。特别是由于管道轻，安装时不需要大型起吊设备，在现场建厂时间短且费用低。

缺点是管道为柔性管道，抗外压能力相对较差，对沟槽回填要求高，回填料应是粗粒土，回填料的压实度应达到95%该管材多用于压力较低的给排水领域。由于耐压低，用量及用途有限。另外，压力大于1.0MPa价格相对较高。

### 4. TPEP防腐钢管

优点是：

（1）结合钢管的机械强度和塑料的耐蚀性于一体，外壁3PE涂层厚度2.5～4mm耐腐蚀耐磕碰。

（2）内壁摩阻系数小，0.0081～0.091，输送同等流量可以降低一个口径级别。

（3）内壁达到国家卫生标准，光滑不易结垢，具有自清洁功能。

（4）TPEP防腐钢管是涂塑钢管的第四代防腐产品，防腐性能强，自动化程度高，综合成本低。

缺点：施工比较慢，焊接要求较高。

任何一种产品没有十全十美，各有利弊，因此在对输水管道进行选材时必须考虑，地质条件，土壤及其周边环境、防腐要求，以及投资成本和运行成本等四方面原则。

坝下埋管在中小型灌溉工程中应用较多。引水发电的坝下埋管，多用廊道式，压力管道位于廊道内，廊道只承受填土和外水压力。这种布置方式可避免内水外渗，影响坝体安全，并便于检查和维修。廊道在施工期还可用来导流。

埋设在地面下的输水管道可以是由混凝土、钢筋混凝土（包括预应力钢筋混凝土）、钢材、石棉、水泥、塑料等材料做成的圆管，也可以是由浆砌石、混凝土或钢筋混凝土做成的断面为矩形、圆拱直墙形或箱形的管道。圆管多用于有压管道。矩形和圆拱直墙形用于无压管道。箱形可用于无压或低压管道。

埋没在地下用于灌溉或供水的暗渠与开敞式的明渠相比，具有占地少，渗漏、蒸发损失小，减少污染，管理养护工作量小等优点，但所用建筑材料多，施工技术复杂，造价高，适用于人多地少，水源不足，渠线通过城市或地面不宜为明渠占用的地区。为便于管理，对较长的暗渠可以分段控制，沿线设通气孔和检查孔。在南水北调中大口径 2m 以上才有的是 PCCP 管，发挥了 PCCP 的大口径管造价及性能高的优势，低于 1. 2m 的采用的是 TPEP 防腐钢管（外 3PE 内熔结环氧防腐钢管），主要是针对地形复杂、压力较高的路段，发挥了钢管的机械强度和防腐材料的耐蚀性，在 500 ～ 1200 区别的口径，性价比高。

（二）输水建筑物

输水建筑物是指连接上下游引输水设置的水工建筑物的总称。当引输水至下游河渠，引水建筑物即输水建筑物。当引输水至水电厂发电，则输水建筑物包括引水建筑物和尾水建筑物。

输水建筑物是把水从取水处送到用水处的建筑物，它和取水建筑物是不可分割的。输水建筑物可以按结构型式分为开敞式和封闭式两类，也可按水流形态分为无压输水和有压输水两种。最常用的开敞式输水建筑物是渠道，自然它只能是无压明流。封闭式输水建筑物有隧洞及各种管道（埋于坝内的或者露天的），既可以是有压的，也可以是无压的。

输水建筑物除应满足安全、可靠、经济等一般要求外，还应保证足够大的输水能力和尽可能小的水头损失。

输水建筑物在运用前、运用中和运用后均可能因设计、施工和管理中的失误，或因混凝土结构缺陷、基础地质缺陷及随时间的推移，导致其引水隧洞、输水涵管和渠道等产生不同程度的劣化，故及时检查、养护和修理以防患于未然就成为水工程病害处理的重要内容。

输水建筑物分明流输水建筑物和压力输水建筑物两大类。

## 1．明流输水建筑物

明流输水建筑物有多种用途，包括供水、灌溉、发电、通航、排水、过鱼、综合等，按其水流流态有稳定与不稳定之分；按其结构形式有渠道、隧洞、高架水槽、坡道水槽、坡道上无压水管、渡槽、倒虹吸管等多种形式。

渠道是明流输水建筑物中最常用的一种，渠侧边坡是否稳定是关注的重点之一。控制渠道漏水也是渠道修建中的重要问题，水槽用于山区陡坡、地质条件不良的情况，或因修建渠道造价很高而用之。放在地面上的称座槽，架在栈桥上的为高架水槽。

隧洞是另一种应用广泛的明流输出建筑物。隧洞的断面形式与所经地区的工程地质条件密切相关。坚固稳定岩体中的明流输水隧洞可不用衬砌，必要时采用锚杆加固或喷混凝土护面。有的为减少糙率和防渗对洞壁做衬砌；有的为支承拱顶山岩压力，只对拱顶衬砌；有的则全部衬砌。

明流水管也可作为明流输水道的组成部分，一般用钢筋混凝土制成。

渡槽是一种用于跨越河流或深山谷所用的输水建筑物。一般布置在地质条件良好、地形条件有利的地段。大型渡槽的支承桥常采用拱桥。

倒虹吸管是另一种跨越式输水建筑物，也布置在地质条件良好、河谷岸坡稳定、地形有利的地段。

明流输水道上还设置有调节流量的一些建筑物，如节水闸和分水闸、溢水堰和泄水闸、排水闸等。

## 2．压力输水建筑物

压力输水建筑物用于水力发电、供水、灌溉工程。其运行特点是满流、承压，其水力坡线高于无压输水建筑物。

压力输水建筑物有管道和隧洞两种形式。管道按其材料有钢管、钢筋混凝土管、木管等。安放在地面上的管道叫明管，埋入地下的称埋管。压力隧洞一般为深埋，上有足够的覆盖岩层厚度，并选在地质条件应比较好，山岩压力较小的地区。

压力输水建筑物承受的基本荷载有建筑物自重、水重、管内式洞内的静水压力、动水压力、水击压力、调压室内水位波动产生的水压力、转弯处的动水压力、隧洞衬砌上的山岩压力及温度荷载。特殊荷载有水库或前池最高蓄水位时的静水压力、地震荷载等。

压力隧洞从结构形式上分为无衬砌（包括采用喷锚加固的）、混凝土衬砌、钢筋

混凝土衬砌、钢板衬砌等几种；从承受的内水压力水头来分，可分为低压隧洞和高压隧洞。

坝内埋钢管在坝后式电站中经常采用。一般有三种布置方式：管轴线与坝下游面近于平行、平式或平斜式、坝后背管。钢管一般外围混凝土。

# 第二节　地下水资源开发利用工程

## 一、管井

井径较小，井深较大，汲取深层或浅层地下水的取水建筑物。打入承压含水层的管井，如水头高出地面时，又称自流井。

管井是垂直安置在地下的取水或保护地下水的管状构筑物，是工农业生产、城市、交通、国防建设的一种给排水设施。

### （一）管井种类

用途分为供水井、排水井、回灌井。按地下水的类型分为压力水井（承压水井）和无压力水井（潜水井）。地下水能自动喷出地表的压力水井称为自流井。按井是否穿透含水层分为完整井和非完整井。

### （二）管井结构

管井由井口、井壁管、滤水管和沉沙管等部分组成。管井的井口外围，用不透水材料封闭，自流井井口周围铺压碎石并浇灌混凝土。井壁可用钢管、铸铁管、钢筋混凝土管或塑料管等。钢管适用的井深范围较大，铸铁管一般适于井深不超过 250 米，钢筋混凝土管一般用于井深 200 ～ 300 米，塑料管可用于井深 200 米以上。井壁管与过滤器连成管柱，垂直安装在井孔当中。井壁管安装在非含水层处，过滤器安装在含水层的采水段。在管柱与孔壁间环状间隙中的含水层段填入经过筛选的砾石，在砾石上部非含水层段或计划封闭的含水层段，填入黏土、黏土球或水泥等止水物。

### （三）管井设计

包括井深、开孔和终孔直径、井管及过滤器的种类、规格、安装的位置及止水、封井等。井深决定于开采含水层的埋藏深度和所用抽水设备的要求。开孔和终孔直径，根据安装抽水设备部位的井管直径、设计安装过滤器的直径及人工填料的厚度而定。井管和过滤器的种类、规格、安装的位置，沉淀管的长度和井底类型，主要根据当地水文地质条件，并按照设计的出水量、水质等要求决定。井管直径须根据选用的抽水设备类型、规格而定。常用的井管有无缝钢管，钢板卷焊管，铸铁管，石棉水泥管，聚氯乙烯、聚丙烯塑料管，水泥管，玻璃钢管，等等。止水、封井取决于对水质的要求，不良水源的位置和渗透、污染的可能性。设计中须规定止水、封井的位置和方法及其所用材料的质量。

第四纪松散层取水管井设计在高压含水层、粗砂以上的取水层，以及某些极破碎的基岩层水井中，可采用缠丝过滤器或包网过滤器。中砂、细砂、粉砂层，可采用由金属或非金属的管状骨架缠金属丝或非金属丝，外填砾石组成的缠丝填砾过滤器，以防止含水层中的细小颗粒涌进井内，保证井的使用寿命，还可增大过滤器周围的孔隙率和透水性，从而减少进水时的水头损失，增加单井出水量。填砾厚度，根据含水层的颗粒大小决定，一般为 75 ～ 150mm。沉淀管长度，一般为 2 ～ 10 米，其下端要安装在井底。

基岩中取水管井设计如全部岩层为坚硬的稳定性岩石时，不需要安装井管，以孔壁当井管使用。当上部为覆盖层或破碎不稳定岩石，下部也有破碎不稳定岩石时，应自孔口起安装井管，直到稳定岩石为止。其中含水层处如有破碎带、裂隙、溶洞等，应根据含水岩层破碎情况安装缠丝、包网过滤器或圆孔或条孔过滤器。

（四）管井施工

包括钻井、井管安装、填砾、止水封井、洗井等工作。

### 1. 钻井方法

常用的钻井方法有冲击钻进法、回转钻进法、冲击回转钻进法（见水文地质钻探）。

### 2. 井管安装

根据不同井管、钻井设备而采用不同的安装方法。主要有：

（1）钢丝绳悬吊下管法

适用于带丝扣的钢管、铸铁管，以及有特别接头的玻璃钢管、聚丙烯管及石棉水泥管，拉板焊接的无丝扣钢管，螺栓连接的无丝扣铸铁管，黏接的玻璃钢管，焊接的硬质聚氯乙烯管。

（2）浮板下管法

适用于井管总重超过钻机起重设备负荷的钢管或超过井管本身所能承受的拉力的带丝扣铸铁井管。

（3）托盘下管法

适用于水泥井管，砾石胶结过滤器及采用制焊接头的大直径铸铁井管。

### 3．填砾

填砾方法有：静水填入法，适用于浅井及稳定的含水层；循环水填砾法，适用于较深井；抽水填砾法，适用于孔壁稳定的深井。

### 4．止水封井

根据管井对水质的要求进行止水、封井，其位置应尽量选择在隔水性好、井壁规整的层位。供水井应进行永久性止水、封井，并保证止水、封井的有效性，所用材料不能影响水质。永久性止水、封井方法有：黏土和黏土球围填法、压力灌浆法。所用材料为黏土、黏土球及水泥。

### 5．洗井

为了清除井内泥浆，破坏在钻进过程中形成的泥浆壁、抽出井壁附近含水层的泥浆，过细的颗粒及基岩含水层中的充填物，使过滤器周围形成一个良好的滤水层，以增大井的出水量。常用的洗井方法有：活塞洗井法、压缩空气洗井法、冲孔器洗井法、泥浆泵与活塞联合洗井法、液态二氧化碳洗井法及化学药品洗井法等。这些洗井方法用于不同的水文地质条件与不同类型的管井，洗井效果也不相同，应因地制宜地加以选用。

（五）使用维护

直接关系到井的使用寿命。如使用维护不当，使井报废。管井在使用期中应根据抽水试验资料，妥善选择管井的抽水设备，所选用水泵的最大出水量不能超过井的最大允许出水量。管井在生产期中，必须保证出水清、不含砂；对于出水含砂的井，应适当降低出水量。在生产期中还应建立管井使用档案，仔细记录使用期中出水量、水位、水温、水质及含砂量变化情况，借以随时检查、维护。如发现出水量突然减少，涌砂量增加或水质恶化等现象，应立即停止生产，进行详细检查修理后，再继续使用。一般每年测量一次井的深度，与检修水泵同时进行，如发现井底淤砂，应进行清理。季节性供水井，很容易造成过滤器堵塞而使出水量减少。因此在停用期间，应定期抽水，以避免过滤器堵塞。

## 二、大口井

井深一般不超过 15m 的水井，井径根据水量、抽水设备布置和施工条件等因素确定，一般常用为 5 ～ 8m，不宜超过 10m。地下水埋藏一般在 10m 内，含水层厚度一般在 15m，适用于任何砂、卵、砾石层，渗透系数最好在 20m/d 以上，单井出水量一般为 500 ～ 10000$m^3$/d，最大为 20000 ～ 30000$m^3$/d。

大口井适用于地下水埋藏较浅、含水层较薄且渗透性较强的地层取水，它具有就地取水施工简便的优点。

大口井按取水方式可分为完整井和非完整井，完整井井底不能进水，井壁进水容易堵，非完整井井底能够进水。

按几何形状可分为圆形和截头圆锥形两种。圆筒形大口井制作简单，下沉时受力均匀，不易发生倾斜，即使倾斜后也易校正，圆锥截头圆锥形大口井具有下沉时摩擦力小、易于下沉，但下沉后受力情况复杂、容易倾斜、倾斜后不易校正的特点。一般来说，在地层较稳定的地区，应尽量选用圆筒形大口井。

## 三、辐射井

一种带有辐射横管的大井。井径 2 ～ 6 米，在井底或井壁按辐射方向打进滤水管以增大井的出水量，一般效果较好。滤水管多者出水量能增加数倍，少的也能增加 1 ～ 2 倍。

设有辐射管（孔）以增加出水量的水井。辐射井按集水类型可分为集取河床渗透水型、同时领取河床渗透水与岸边地下水型、集取岸边地下水型、远离河流集取地下水型四种。

位置选择的原则有以下三点：

（1）领取河床渗透水时，应选河床稳定、水质较清、流速较大，有一定冲刷能力的直线河段。

（2）集取岸边地下水时，应选含水层较厚、渗透系数较大的地段。

（3）远离地表水体集取地下水时，应选地下水位较高、渗透系数圈套地下补给充沛的地段。

## 四、截潜流工程

截潜流工程是在河底砂卵石层内，垂直河道主流修建截水墙，同时在截水墙上游修筑集水廊道，将地下水引入集水井的取水工程。

截潜流工程又称地下拦河坝，是在河底砂卵石层内，垂直河道主流修建截水墙，同时在截水墙上游修筑集水廊道，将地下水引入集水井的取水工程。适应于谷底宽度不大、河底砂卵石层厚度不大而潜流量又较大的地段。集水廊道的透水壁外一般应设置反滤层，

廊道坡度以 1/50 ～ 1/200 为宜。集水井设置于廊道出口处，井的深度应低于廊道 1 ～ 2 米，以便沉砂和提水。截潜流工程是综合开发河道地表和地下径流的一种地下集水工程，其一般由截水墙、进水部分、集水井、输水部分等组成。其工程类型按截潜流的完成程度，可分为完整式和非完整式两种，完整式截水墙穿透含水层，非完整式没有穿透含水层，只拦截了部分地下水径流。

# 第三节　河流取水工程

## 一、江河取水概说

### （一）江河水源分布广泛

江河在水资源中具有水量充沛、分布广泛的特点，常用于作为城市和工矿供水水源，例如在我国南方（秦岭淮河以南）90% 以上的水源工程都以江河为水源。

### （二）江河取水的自然特性

江河取水受自然条件和环境影响较大，必须充分了解江河的径流特点，因地制宜地选择取水河段。特别是北方各地，河流的流量和水位受季节影响，洪、枯水量变化悬殊，冬季又有冰情能形成底冰和冰屑，易造成取水口的堵塞，为保证取水安全，必须周密调查，反复论证。

### （三）全面了解河道的冲淤变化

河道在水流作用下，不断地发生着平面形态和断面形态的变化，这就是通常所说的河道演变。河道演变是河流水沙状况和泥沙运动发展的结果，不论是南方北方，还是长江黄河挟带泥沙的水流在一定条件下可以通过泥沙的淤积而使河床抬高，形成滩地，也可以通过水流的冲刷而使河岸坍塌、河道变形。泥沙有时可能会被紊动的水流悬浮起来形成悬移质泥沙；有时也可因水流条件的改变而下沉到河流床面，在河床上推移运动，成为推移质泥沙。当水流挟带能力更小时，推移质或悬移质泥沙还能淤积在河床上成为河床质泥沙。在河流中，悬移质、推移质泥沙和河床质泥沙间的这种不断交替变化的过程，就是河道冲刷和淤积变化的过程。冲淤演变常造成主流摆动，取水口脱流而无法取水。

当然，黄河泥沙含最高。其中水、沙过程比一般河流更加猛烈，一次洪水、一个沙峰就能造成河道的巨大变化。重视河道的冲淤变化并进行正确预测，就成为取水工程建设的重要安全问题。

## 二、河流的一般特性

河流大致分为山区河流和平原河流两大类。对于较大的河流，其上游多为山区河道，下游多为平原河道，而上下游之间的中游河段，则兼有山区和平原河道的特性。

### （一）山区河流

山区河道流经地势高峻地形复杂的山区，在其发育过程中以河流下切为主，其河道断面一般呈 V 字形或 U 字形。

在陡峻的地形约束下，河床切割深达百米以上，河槽宽仅二三十米，宽深比一般小于 100m，洪水猛涨猛落是山区河流的重要水文特点，往往一昼夜间水位变幅可达 10m 之巨，山区河流的水面比降常在 1‰以上。由于比降大，流速高，挟沙能力强，含沙量常处在非饱和状态，有利于河流向冲刷方向发展。

### （二）平原河道

平原河道按其平面形态，可分为四种基本类型，即顺直型、弯曲型、分汊型和游荡型。

#### 1. 顺直型河段

该类河流在中水时，水流顺直微弯，枯水时则两岸呈现犬牙交错的边滩，侧旁弯曲流动并形成深槽。

#### 2. 弯曲型河段

该型河段是平原河道最常见的河型，其特点是中水河槽具有弯曲的外形，深槽紧靠凹岸，边滩依附凸岸。弯道上的水流受重力和离心力的作用，表层水流向凹岸，底层水流向凸岸，形成螺旋向前的螺旋流。受螺旋流的作用，表层低含沙水冲刷凹岸，使凹岸崩塌并不断后退。

在长期水流作用下。弯曲凹岸的不断崩塌后退，凸岸的不断延伸，会使河弯形成 U 字形的改变。进而使两个弯顶之间距离不断缩短而形成河环，河环形成后，一旦遭遇洪水漫滩，就会在河弯发生“自然裁弯”从而使河弯处的取水构筑淤塞报废。

#### 3. 分汊型河道

分汊型河道亦称江心洲型河道，如南京长江八卦洲河段，其特点是中水河槽分汊，两股河道周期性的消长，在分汊河道的尾部，两股水流的汇合处，其表流指向河心，底

流指向两岸，有利于边滩形成。在分汊河段建取水工程，应分析其分流分汊影响与进一步河床的演变发展。

### 4．游荡型河段

其特点是中水河槽宽浅，河滩密布，汊道交织，水流散乱，主流摆动不定。河床变化迅速。像黄河花园口河段就是一个游荡型河段的示例，该河段平均水深仅 1 ～ 3m。河道很不稳定，一般不宜在该河建设取水工程，如必须在此引水，应置引水口于较狭窄的河段，或采用多个引水口的方案。

## 三、河弯的水流结构

### （一）天然河道的平面形态

天然河道多处于弯弯相连的状态，天然河流的直段部分只占全河长的 10% ～ 20%，弯道部分占河长的 80% ～ 90% 以上，所以天然河道基本上是弯曲的，在弯曲河道上布置取水工程应充分了解弯道的水流结构。

### （二）弯道的水流运动

由于离心力和水流速度的平方成正比，而河道流速分布是表层大，底层小，离心力的方向是弯道凹岸的方向，因此表层水流向凹岸，使凹岸水面壅高，从而形成横比降。受横比降作用，在断面内形成横向环流。

在环流和河流的共同作用下，弯道水流的表流是指向凹岸，底流指向凸岸的螺旋流运动。螺旋流的表层水流以较大的流速对凹岸形成由上向下的淘冲力，使凹岸受到冲刷而流向凸岸的底流，因挟带大量泥沙，致使凸岸淤积。这种发展的结果便使凹岸成为水深流急的主槽，凸岸则为水浅流缓的边滩。

### （三）弯曲河道的水流动力轴线

水流动力轴线又称主流线。在弯道上游主流线稍偏凸岸，进入弯道后主流线逐渐向凹岸过渡，到弯顶附近距凹岸最近成为主流的顶冲点。严格讲，主流线和顶冲点都因流量不同而有所变化，由于离心力因流速流量而异，水流对凹岸的顶冲点也会因枯水而上提，受洪水而下挫，常水位则处在弯顶左右，高浊度水设计规范中常以深泓线形式表达河道水流的动力轴线。深泓线是沿水流方向河床最大切深点的连线，也是水流动力轴线的直观表述。

为了解河势变化，常对各不同年代的深泓线绘制成套绘图，深泓线紧密的地方均可作为取水口的备选位置。

（四）弯曲河道的最佳引水点

北方河道的洪枯水址相差悬殊，枯水期引水保证率较低，一般只能够引取河道来流的 25% ～ 30%，为了保证取水安全，并免于剧烈掏冲，引水口最好选在顶冲点以下距凹岸起点下游 4 ～ 5 倍河宽的地段，或在顶冲点以下 1/4 河弯处。

（五）格氏加速度

造成水面横比降的离心力系为惯性力，是维持水流运动不变的力量，地球由西向东自转，迫使整个水流做旋转运动，其向心力指向地轴，而惯性力恰好与其相反，作用在受迫旋转的物体上。在我们北半球，如果江河沿纬线东流，向心力指向地轴，而水流的惯性力则指向南岸。换言之，正是河流南岸的约束，迫使水流回绕地轴做旋转运动。学者们总结格氏加速度的结论是：在北半球，水流总是冲压右岸，在南半球，水流则紧压左岸。

格氏加速度提示我们，由地球自转所产生的惯性力使水流向右岸偏离，主流线一般偏向右岸，右岸引水会靠近主流。

## 四、河流取水的洪枯分析

（一）河流洪枯分析的必要性

现行室外给水设计规范明确指出，江河取水构筑物的防洪标准，不应低于城市防洪标准，其设计洪水重现期不得低于 100 年。要求枯水位的保证率采用 90% ～ 99%。而且该条文为强制性条文，必须严格执行。这样，我们在进行取水工程设计时，就必须对河流的洪水流量。枯水流量和相应的水位等参数进行认真的计算和校核，让分析计算成果更加符合未来的水文现象实际。但江河的洪、枯流量有其自身特点。上游水库的调蓄、发电运用在很大程度上改变了河流水情。在进行频率分析计算时，必须考虑其影响。另外河流多年来的开发建设也为我们提供了许多水文特征数据，应充分利用这些数据来充实和校验我们的频率分析成果。

（二）频率分析样本的选用

取水工程频率分析计算的任务，是根据已有的水文测验数据运用数理统计原理来推断未来若干年水文特征的出现情况。这是一种由样本（水文测验数据）推算总体的预测方法。按照数理统计原理，径流成因分析和大量的水文实践验证，我国河流的枯、洪流量变化统计地符合皮尔逊Ⅲ型曲线所表达的变化规律。因此，用这种方法计算河流的洪

水和枯水设计参数是适宜和合理的。统计时所使用的样本数据必须前后一致，江河上游水库的调蓄运用,改变了流量和水位的天然时程分配,使实测水文资料的一致性遭到破坏。统计分析时，不能不加区别地笼统采用，一般情况下，要将建库后的资料如水位、流量等还原为天然情况下产生的水位和流量，使前后一致起来，才能一并进行频率分析计算。因为频率分析，是由“部分”推断“全局”，由“样本”推断总体的一种预测。由于水文资料年限较短，样本较少，而预测的目标值却要达到百年或千年一遇，预期很长。因此样本的选择就会十分重要，应严格坚持前后一致的原则，否则就会因样本失真而造成失之毫厘差之千里的错误。

坚持样本条件前后一致的原则，还会遇到另一种情况，即人工调控后的水文资料年限较长，如 20 年到 30 年，可以基本满足频率分析对样本的数量要求。这时，还应当对样本的统计规律进行分析判断。

还应强调指出，频率分析并不能十分理想地解决设计洪水和枯水的一切问题，为使设计数据更加稳妥，应首先进行该河段暴雨洪水基本特性分析，了解洪水的成因、来源、组成等特性和规律，为计算成果提供依据。其次还要参照相关工程进行分析验证，使成果更加接近未来的水文实际。为此，大量搜集相关水文计算成果，进行反复参照验证也属十分必要。

## 五、取水构筑物位置的合理选择

在平原型，特别是多沙平原型河道上选择取水构筑物，常有河床变迁、主流脱流之虞。黄河上的许多取水口，都因对河床变迁预测不足而淤塞废弃。因此，在给水工程实践中，合理地选择取水构筑物位置，除遵循设计规范和设计手册所列的各项一般原则外，还要结合取水河段的泥沙运动规律和河道演变特点，从洪枯变化、河道走向、冲淤状况和地质地貌等方面进行综合分析判断，必要时，通过水工模型实验来最后确定。

### （一）选择取水构筑物位置须收集的资料

取水构筑物的位置选择，是建立在对河段水文状况、河势变化、河相条件及工程地质资料充分分析的基础之上。为此，必须在现场勘察的基础上，搜集和占有大量的相关资料。一般来说，须搜集的资料包括下列几方面：

#### 1. 水文资料

（1）历年洪、枯水位及相应流量、含沙量。

（2）洪水、中水、枯水及 p=1%，p=50%，p=75% 及 p=99% 保证率下的相关流量、水位及其水、沙过程资料。

（3）历年逐日平均含沙量及沙峰过程资料。

（4）泥沙颗粒分析和级配资料。

（5）水位流量的相关曲线。

（6）各种流量状态（高、中、低）的水面比降记载资料。

（7）河段附近的水利工程情况（已建、在建和规划）。

（8）大型水利设施建设后对河道的运用影响。

（9）历年的水温变化及冰情。

（10）历年洪、枯水位时的水质分析资料和相关资料。

### 2．河相资料

（1）水深、河宽、比降及河道纵坡。

（2）平滩流量，相应水深和河宽。

（3）河床纵断和横断图。

（4）历年河势变化图，中泓线变迁图。

（5）历年河道平面图。

（6）河床质中粒经及其变化。

（7）河道冲淤变化的记载及相应流量、水位资料。

### 3．地质资料

（I）河道地质纵断面。

（2）河道地质横断面。

（3）取水点上下游 1000m 左右有无基岩露头或防冲控制点。

### 4．其他资料

（1）河段的水利工程规划、航运规划。

（2）城市和河段的洪水设防标准及防洪工程运用情况。

（3）河道险情及其工程应对措施。

（4）附近的取水工程运用情况。

### （二）取水河段的冲淤变化分析

河道的冲淤变化，即河道演变是极其复杂的水、沙过程，影响因素很多。实践中通

常采用以下四种方法进行分析研究：

（1）对天然河道的实测资料进行分析。

（2）运用泥沙运动理论和河道演变原理进行计算。

（3）通过河工模型试验，对河道演变和取水构筑物工作状况进行预测。

（4）用条件相似河段的实测资料进行类比分析。

以上几种方法中，分析其天然河道资料是最重要的方法。

（三）天然河道实测资料分析

河道冲淤变化是挟沙水流与河床相互作用的结果，影响河道演变的主要因素有来水来沙、河道比降、河床形态和地质情况等。要紧紧抓住以上因素，找出其互相联系的内在规律，并预测其冲淤发展趋势。

### 1．河道平面变化

为找出其平面变化规律，应大量搜集历年的河道地形图、河势图，根据坐标系统或控制点位置（如固定断面、永久性水准点、永久性的地形地标志等），分别加以套绘。除套绘平面图外，还可绘制横断图，这样就可分析了解河道纵、横断面形态及其冲淤变化情况。

### 2．河道纵向变化

为了解河段的冲淤变化，可将河段历年测得的深泓线（或河床平均高程）绘制在同一坐标图上，便可得到其纵向冲淤变化情况。

根据历年水位、流量实测资料，做同一流量的水位过程线，可以得到历年河床的冲淤变化。特别是对枯水期历年的水位变化分析。一般来说，枯水期河床是比较稳定的，如果在相同枯水流量下水位发生变化，说明河床必有所变化。

### 3．来水来沙情况分析

来水来沙条件是影响河道变形演变的主要因素，应进行详细分析以寻求冲淤变化的原因和规律。

### 4．河床地质资料分析

河床地质资料是影响冲淤变化的又一重要因素。当河床由松散沙质组成时，河床不太稳定，其变化会比较剧烈；当河床由较难冲刷的土质构成时，河道演变就比较缓慢，河床比较稳定。在分析河床地质情况时，要依据地质钻探资料绘制地质剖面图。

在分析了以上四方面资料后，再根据河道演变的基本原理进行由此及彼的综合分析，便可基本预测出其演变的发展趋势，从而为取水构筑物的选择提供依据。

## 第四节　水源涵养、保护和人工补源工程

### 一、水源涵养

水源涵养，是指养护水资源的举措。一般可以通过恢复植被、建设水源涵养区达到控制土壤沙化、降低水土流失的目的。

水源涵养、改善水文状况、调节区域水分循环、防止河流、湖泊、水库淤塞，以及保护可饮水水源为主要目的的森林、林木和灌木林。主要分布在河川上游的水源地区，对于调节径流，防止水、旱灾害，合理开发、利用水资源具有重要意义。水源涵养能力与植被类型、盖度、枯落物组成、土层厚度及土壤物理性质等因素密切相关。

水源涵养林，用于控制河流源头水土流失，调节洪水枯水流量，具有良好的林分结构和林下地被物层的天然林与人工林。水源涵养林通过对降水的吸收调节等作用，变地表径流为壤中流和地下径流，起到显著的水源涵养作用。为了更好地发挥这种功能，流域内森林须均匀分布、合理配置，并达到一定的森林覆盖率和采用合理的经营管理技术措施。

（一）作用

森林的形成、发展和衰退与水分循环有着密切的关系。森林既是水分的消耗者，又起着林地水分再分配、调节、储蓄和改变水分循环系统的作用。

#### 1. 调节坡面径流

调节坡面径流，削减河川汛期径流量。一般在降雨强度超过土壤渗透速度时，即使土壤未达饱和状态，也会因降雨来不及渗透而产生超渗坡面径流；而当土壤达到饱和状态后，其渗透速度降低，即使降雨强度不大，也会形成坡面径流，称过饱和坡面径流。但森林土壤则因具有良好的结构和植物腐根造成的孔洞，渗透快、蓄水量大，一般不会产生上述两种径流；即使在特大暴雨情况下形成坡面径流，其流速也比无林地大大降低。在积雪地区，因森林土壤冻结深度较小，林内融雪期较长，在林内因融雪形成的坡面径流也减小。森林对坡面径流的良好调节作用，可使河川汛期径流量和洪峰起伏量减小，

从而减免洪水灾害。

### 2. 调节地下径流

调节地下径流，增加河川枯水期径流量。中国受亚洲太平洋季风影响，雨季和旱季降水量十分悬殊，因而河川径流有明显的丰水期和枯水期。但在森林覆被率较高的流域，丰水期径流量占 30% ～ 50%，枯水期径流量也可占到 20% 左右。森林增加河川枯水期径流量的主要原因是把大量降水渗透到土壤层或岩层中并形成地下径流。在一般情况下，坡面径流只要几十分钟至几小时即可进入河川，而地下径流则需要几天、几十天甚至更长的时间缓缓进入河川，因此可使河川径流量在年内分配比较均匀，提高了水资源利用系数。

### 3. 水土保持功能

水源林可调节坡面径流，削减河川汛期径流量。

一般在降雨强度超过土壤渗透速度时，即使土壤未达饱和状态，也会因降雨来不及渗透而产生超渗坡面径流；而当土壤达到饱和状态后，其渗透速度降低，即使降雨强度不大，也会形成坡面径流，称过饱和坡面径流。但森林土壤则因具有良好的结构和植物腐根造成渗透快、蓄水量大，一般不会产生上述两种径流；即使在特大暴雨情况下形成坡，其流速也比无林地大大降低。在积雪地区，因森林土壤冻结深度较小，林内融雪在林内因融雪形成的坡面径流也减小。森林对坡面径流的良好调节作用，可使河川汛期径流量和洪峰起伏域减小，从而减免洪水灾害。结构良好的森林植被可以减少水土流失量 90% 以上。

### 4. 滞洪和蓄洪功能

河川径流中泥沙含量的多少与水土流失相关。水源林一方面对坡面径流具有分散、阻滞和过滤等作用；另一方面其庞大的根系层对土壤有网结、固持作用。在合理布局情况下，还能吸收由林外进入林内的坡面径流并把泥沙沉积在林区。

降水时，由于林冠层、枯枝落叶层和森林土壤的生物物理作用，对雨水截留、吸持渗入、蒸发，减小了地表径流量和径流速度，增加了土壤拦蓄量，将地表径流转化为地下径流，从而起到了滞洪和减少洪峰流量的作用。

### 5. 枯水期的水源调节功能

中国受亚洲太平洋季风影响，雨季和旱季降水量十分悬殊，因而河川径流有明显的丰水期和枯水期。但在森林覆被率较高的流域，丰水期径流量占 30% ～ 50%，枯水期径

流量也可占到20%左右。森林能涵养水源主要表现在对水的截留、吸收和下渗，在时空上对降水进行再分配，减少无效水，增加有效水。水源涵养林的土壤吸收林内降水并加以贮存，对河川水量补给起积极的调节作用。随着森林覆盖率的增加，减少了地表径流，增加了地下径流，使得河川在枯水期也不断有补给水源，增加了干旱季节河流的流量，使河水流量保持相对稳定。森林凋落物的腐烂分解，改善了林地土壤的透水通气状况。因而，森林土壤具有较强的水分渗透力。有林地的地下径流一般比裸露地的大。

**6. 改善和净化水质**

造成水体污染的因素主要是非点源污染，即在降水径流的淋洗和冲刷下，泥沙与其所携带的有害物质随径流迁移到水库、湖泊或江河，导致水质浑浊恶化。水源涵养林能有效地防止水资源的物理、化学和生物的污染，减少进入水体的泥沙。降水通过林冠沿树干流下时，林冠下的枯枝落叶层对水中的污染物进行过滤、净化，所以最后由河溪流出的水的化学成分发生了变化。

**7. 调节气候**

森林通过光合作用可吸收二氧化碳，释放氧气，同时吸收有害气体及滞尘，起到清洁空气的作用。森林植物释放的氧气量比其他植物高9～14倍，同时通过光合作用贮存了大量的碳源，故森林在地球大气平衡中的地位相当重要。林木通过抗御大风可以减风消灾。另一方面森林对降水也有一定的影响。多数研究者认为森林有增水的效果。森林增水是由于造林后改变了下垫面状况，从而使近地面的小气候变化而引起的。

**8. 保护野生动物**

由于水源涵养林给生物种群创造了生活和繁衍的条件，使种类繁多的野生动物得以生存，所以水源涵养林本身也是动物的良好栖息地。

（二）营造技术

包括树种选择、林地配置、经营管理等内容。

**1. 树种选择和混交**

在适地适树原则指导下，水源涵养林的造林树种应具备根量多、根域广、林冠层郁闭度高（复层林比单层林好）、林内枯枝落叶丰富等特点。因此，最好营造针阔混交林，其中除主要树种外，要考虑合适的伴生树种和灌木，以形成混交复层林结构。同时选择一定比例深根性树种，加强土壤固持能力。在立地条件差的地方，可考虑以

对土壤具有改良作用的豆科树种作为先锋树种；在条件好的地方，则要用速生树种作为主要造林树种。

### 2. 林地配置与整地方法

在不同气候条件下取不同的配置方法。在降水量多、洪水为害大的河流上游，宜在整个水源地区全面营造水源林。在因融雪造成洪水灾害的水源地区，水源林只宜在分水岭和山坡上部配置，使山坡下半部处于裸露状态，这样春天下半部的雪首先融化流走，上半部林内积雪再融化就不致造成洪灾。为了增加整个流域的水资源总量，一般不在干旱半干旱地区的坡脚和沟谷中造林，因为这些部位的森林能把汇集到沟谷中的水分重新蒸腾到大气中去，减少径流量。总之，水源涵养林要因时、因地、因害设置。水源林的造林整地方法与其他林种无重大区别。在中国南方低山丘陵区降雨量大，要在造林整地时采用竹节沟整地造林；西北黄土区降雨量少，一般用反坡梯田（见梯田）整地造林；华北石山区采用“水平条”整地造林。在有条件的水源地区，也可采用封山育林或飞机播种造林等方式。

### 3. 经营管理

水源林在幼林阶段要特别注意封禁，保护好林内死地被物层，以促进养分循环和改善表层土壤结构，利于微生物、土壤动物（如蚯蚓）的繁殖，尽快发挥森林的水源涵养作用。当水源林达到成熟年龄后，要严禁大面积皆伐，一般应进行弱度择伐。重要水源区要禁止任何方式的采伐。

## 二、水资源保护区的划分与防护

（一）水资源保护区的等级划分

### 1. 划分原则

（1）必须保证在污染物达到取水口时浓度降到水质标准以内。

（2）为意外污染事故提供足够的清除时间。

（3）保护地下水补给源不受污染。

### 2. 划分方法

我国水源保护区等级的划分依据为对取水水源水质影响程度大小，将水源保护区划分为水源一级、二级保护区。

结合当地水质、污染物排放情况将位于地下水口上游及周围直接影响取水水质（保证病原菌、硝酸盐达标）的地区可划分为水源一级保护区。

将一级水源保护区意外的影响补给水源水质，保证其他地下水水质指标的一定区域划分为二级保护区。

（二）水资源保护区的生态补偿机制实施的影响因素对策

## 1. 生态补偿机制在水资源保护区的重要性

（1）有利于促进水资源保护区的生态文明建设

生态文明兴起于人类中心主义环境观指导下，是对人类与自然的矛盾的正面解决方式，反映了人类用更文明而非野蛮的方式来对待大自然、努力改善和优化人与自然关系的理念。建立生态补偿机制有利于推动水资源保护工作，推进水资源的可持续利用，加快环境友好型社会建设，实现不同地区、不同利益群体的公平发展、和谐发展，有利于促进我国生态文明的建设。

（2）推进水资源保护区综合治理中问题与矛盾的解决

水资源保护区的生态补偿是指为恢复、维持和增强水资源生态系统的生态功能，水资源受益者对导致水资源生态功能减损的水资源开发或利用者征收税费，对改善、维持或增强水资源生态服务功能而做出特别牺牲者给予经济和非经济形式补偿的制度，是一种保护水资源生态环境的经济手段，是生态补偿机制在水资源保护中的应用，集中体现了公正、公平的价值理念，也是肯定水资源生态功能价值的一种表现。水资源保护区补偿机制的建立，一方面可以将水资源保护区源头治理保护的积极性调动起来，使优质水源得到有效保障；另一方面还能有效缓解水资源地区治理保护费用不足的现象，使得社会经济的高速发展与保护生态环境之间不断加深的矛盾得到有效改善。

## 2. 生态补偿机制实施对策

（1）建立科学合理的补偿标准

完善水资源补偿机制的统一管理能够最大限度地体现生态保护，实现保护标准的合理化。在水资源保护机制中能够体现的补偿标准就是最大限度地实现政府与水源机构在意识上的一致性，同时要在水源的保护上体现科学性的管理模式，能够给水资源补偿提供更多的便利。当然在不同的地区需要对补偿机制的标准进行适当的调整，实现生态补偿的最大化及合理化。

（2）扩大资金补偿范围

遵循“谁保护谁受益”“谁改善谁得益”“谁贡献大谁多得益”的基本原则，使得生态环保财力转移支付制度得到进一步加强，从而充分激发各地积极保护环境的意识。在补偿时，不应该只包括流域污染治理成本，同时还应当包括因保护生态环境而丧失发展机会的成本。并且还要加大投入对水资源的补偿资金，使得补偿范围向调整产业结构、

退耕还林工作、对环境污染的日常防止管理及直接补偿生态环境保护者等方面拓展。

（3）探索建立“造血型”生态补偿机制

在生态保护建设工程中添加生态补偿项目，并鼓励居民积极承担建设和保护生态的工程项目。在这些区域内，进一步加强特色优势产业的扶持，如生态农业林业、生态旅游业，以及对可再生能源的开发利用等。同时，探索并利用一些优惠政策，如银行金融信贷、财政投资的补贴及减免税费等，使得特色产业在满足当地环境资源承载能力下持续发展壮大的情况下，有效促进地方政府的税收和居民就业。同时还可以进行“异地补偿性开发”试点，建立“飞地经济”，增强上游地区经济实力，促进公平发展，和谐发展。

（4）建立起公平合理的激励机制

生态补偿也是一种利益分配。所以，要使得利益变得均衡，在依靠行政手段的同时，还需凭借一定市场机制及公众的广泛参与。水资源上下游的利益从长远来看是一致的，是“唇齿相依”的关系。因而，不能片面地将生态补偿看成水资源现状受惠，应当看成是在水资源生态受益过程中对生态环境保护的一种补偿。需要从市场经济角度进一步探索，使得全流域经济一体化得到有效推进，同时还要实现市场开放范围得到一定的扩大，以便实现区域经济融合互补得到进一步加强，实现上下游资源的共享，发挥出流域整体最佳的生态优化服务目标。

## 三、人工补源回灌工程

### （一）人工回灌及其目的

所谓地下水人工补给（即回灌），就是将被水源热泵机组交换热量后排出的水再注入地下含水层中去。这样做可以补充地下水源，调节水位，维持储量平衡；可以回灌储能，提供冷热源，如冬灌夏用、夏灌冬用；可以保持含水层水头压力，防止地面沉降。所以，为保护地下水资源，确保水源热泵系统长期可靠地运行水源热泵系统工程中一般应采取回灌措施。

目前，尚无回灌水水质的国家标准，各地区和各部门制定的标准不尽相同。应注意的原则是：回灌水质要好于或等于原地下水水质，回灌后不会引起区域性地下水水质污染。实际上，水源水经过热泵机组后，只是交换了热量，水质几乎没发生变化，回灌不会引起地下水污染，但是存在污染水资源的风险。

### （二）回灌类型及回灌量

根据工程场地的实际情况，可采用地面渗入补给，诱导补给和注入补给。注入式回灌一般利用管井进行，常采用无压（自流）、负压（真空）和加压（正压）回灌等方法。无压自流回灌适于含水层渗透性好，井中有回灌水位和静止水位差。真空负压回灌适于地下水位埋藏深（静水位埋深在 10m 以下），含水层渗透性好。加压回灌适用于地下水位高、透水性差的地层。

回灌量大小与水文地质条件、成井工艺、回灌方法等因素有关，其中水文地质条件是影响回灌量的主要因素。一般来说，出水量大的井回灌量也大。

（三）地下水管井回灌方式分类

由于地下水源热泵工程所在地区的水文地质条件和工程场地条件各不相同，实际应用的人工回灌工程方式也有所不同，各种方式的特点、适用条件和回灌效果各不同。

### 1．同井抽灌方式

（1）同井抽灌方式是指从同一眼管井底部抽取地下水，送至机组换热后，再由回水管送回同一眼井中。回灌水有一部分渗入含水层，另一部分与井水混合后再次被抽取送至机组换热，形成同一眼管井中井水循环利用。

（2）同井抽灌方式适合于地下含水层厚度大，渗透性好，水力坡度大，径流速度快的地区。

（3）同井抽灌方式的优点是节省了地下水源系统的管井数量，减少了一部分水源井的初投资。

（4）同井抽灌方式的缺点是，在运行过程中，一部分回水和一部分出水发生短路现象，两者混合形成自循环，对水井出水温度影响很大。冬季供暖运行时，井水出水温度逐渐降低，夏季制冷运行时，井水出水温度逐渐升高。

### 2．异井抽灌方式

（1）异井抽灌方式是指从某一眼管井含水层中抽取地下水，送至机组换热后，由回水管送至另一眼管井回灌到含水层中，从而形成局部地区抽灌井之间含水层中地下水与土壤热交换的循环利用系统。

（2）异井抽灌方式适合的水文地质条件比同井抽灌方式的范围宽。

（3）异井抽灌方式的优点是回灌量大于同井回灌。抽灌井之间有一定距离，回水温度对供水温度没有影响，不会导致机组运行效率下降，因而运行费用比同井抽灌方式低。冬季和夏季不同季节运行时，抽灌井可以切换使用。

（4）异井抽灌方式的缺点是增加了地下水源系统的管井数量，增加了水源井的初投资。

# 第五节　污水资源化利用工程

## 一、污水资源化的内涵和意义

我国是发展中国家，虽然地域辽阔，资源总量大，但人口众多，人均资源相对较少，尤其是水资源短缺，且污染严重。随着工农业生产迅速发展，人口急剧增加，产生大量生产生活废水，既污染环境，又浪费资源，对工农业生产和人民群众的日常生活产生不利影响，使本来就短缺的水资源雪上加霜。水资源短缺已成为我国经济发展的限制因素，因此实现污水资源化利用以缓解水资源供需矛盾，促进我国经济的可持续发展显得十分重要。

污水资源化是指将工业废水、生活污水、雨水等被污染的水体通过各种方式进行处理，使其水质达到一定标准，能满足一定的使用目的，从而可作为一种新的水资源重新被利用的过程。污水资源化的核心是“科学开源、节流优先、治污为本”。对城市污水进行再生利用是节约及合理利用水资源的重要且有效途径，也是防止水环境污染及促进人类可持续发展的一个重要方面，它是水资源良性社会循环的重要保障措施，代表着当今的发展潮流，对保障城市安全供水具有重要的战略意义。

## 二、污水资源化的实施可行性

随着地球生态环境的日益恶化和人口的快速增长，世界范围内水资源的短缺和破坏状况日益严重。由于污水再生回用不仅治理了污水，同时可以缓解部分缺水状况，因此目前许多国家和地区都积极地开展污水资源化技术的研究与推广，尤其是在水资源日益匮乏的今天，污水再生回用技术已经引起人们的高度重视。

### （一）污水回用技术成熟

污水回用已有比较成熟的技术，而且新的技术仍在不断出现。从理论上说，污水通过不同的工艺技术加以处理，可以满足任何需要。目前国内外有大量的工程实例，将污水再生回用于工业、农业、市政杂用、景观和生活杂用等，甚至有的国家或地区采用城市污水作为对水质有更高要求的水源水，例如南非的温德霍克市和美国丹佛市已将处理后的污水用作生活饮用水源，将合格的再生水与水库水混合后，经过净水处理送入城市自来水管网，供居民饮用，运行数年没有出现任何危害人体健康的问题。

（二）水源充足

城市污水厂的建设为污水再生回用提供了充足的源水，而且污水处理能力还在不停增加，为城市污水再生回用创造了良好的条件，可以保证再生水用量及水质的需求。

## 三、污水资源化的原则

（一）可持续发展原则

污水资源化利用既要考虑远近期经济、社会和生态环境持续协调发展，又要考虑区域之间的协调发展；既要追求提高再生水资源总体配置效率最优化，又要注意根据不同用途、不同水质进行合理配置，公平分配；既要注重再生水资源和自然水资源的综合利用形式，又要兼顾水资源的保护和治理。

（二）综合效益最优化原则

再生水资源与其他形式水资源的合理配置，应按照“优水优用，劣水劣用”的原则，科学地安排城市各类水源的供水次序和用户用水次序，最终实现再生水资源的优化配置，使水资源危机的解决与经济增长目标的冲突降至最低，从而取得经济增长和水资源保护的双赢。

（三）就近回用原则

根据污水处理厂所在地理位置、周边地区的自然社会经济条件，选择工业企业、小区居民、市政杂用和生态环境用水等方式，再生水回用采取就近原则，这样可以减轻对长距离输送管网的依赖和由此产生的矛盾。

（四）先易后难集中与分散相结合原则

优先发展对配套设施要求不高的工业企业冷却洗涤用水回用，优先发展生态修复工程。一方面鼓励进行大规模污水处理和再生；另一方面鼓励企业和新建小区，采用分散处理的方法，进行分散化的污水回用，积极推进再生水资源在社会生活各方面的使用。

（五）确保安全原则

以人为本，彻底消除再生水利用工程的卫生安全隐患，保障广大市民的身体健康，再生水作为市政杂用水利用，必须进行有效的杀菌处理；再生水回灌城市景观河道，除满足相关水质标准的要求外，还考虑设置生态缓冲段，利用生态修复和自然净化提高再生水的水质，改善回灌河道的水环境质量。

# 第八章　地下水资源管理与生态环境

## 第一节　地下水资源的特性

### 一、地下水资源的系统性

地下水资源是按含水系统发育的。如前所述，含水系统内部具有统一水力联系、与外界相对隔离，赋存其中的地下水具有统一水力联系，在其任一部分加入或排出地下水，影响将波及整个系统。因此，含水系统是地下水资源评价和管理的基本单元。

很多情况下，水文系统与含水系统边界叠合，成为包括地下水在内的水资源评价和管理的基本单元。

孔隙含水系统包含的多个含水层和弱透水层，通过弱透水层越流发生联系，构成具有统一水力联系的含水系统。含水系统之内形成不同级次的地下水流系统。发育于浅部的局部水流系统循环更新迅速；发育于深部的区域含水系统，循环更新迟缓。一个大型孔隙含水系统中，不同部位地下水的平均贮留时间可以有数十年到几万年不等。平原及大型盆地构成的超级含水系统范围可达数万平方千米。这时，以其中的低级次水文系统作为评价及管理水资源的单元，更为合适。

裂隙基岩中存在多个含水层和隔水层时，当隔水层厚度较小，构造破坏较强，含水层之间水力联系较好时，构成具有统一水力联系的裂隙含水系统；当隔水层厚度较大，构造作用破坏不明显时，各含水层（含水带）分别构成独立的系统。

我国北方岩溶地区，多形成范围广达上千乃至数千平方千米的裂隙－岩溶含水系统。南方岩溶地区则多形成数百到数千平方千米的岩溶含水系统，其中包括岩溶地下河系。

鉴于地下水资源发育的系统性，不能以行政区划进行地下水资源评价及管理。要按地下含水系统进行水资源评价，再分配给相关行政单元；不同行政单元开发同一地下含水系统中的地下水时，需要统一管理。

## 二、地下水资源的可再生性：补给资源与储存资源

自然资源区分为不可再生和可再生两类。例如，矿产资源是在地质时期形成的，属于不可再生资源；包括地下水在内的水资源，属于可再生资源。

地下水资源分为两大类：补给资源及储存资源。不参与现代水循环、（实际上）不能更新再生的水量，称为储存资源。参与现代水循环、不断更新再生的水量，称为补给资源。储存资源是地质历史时期形成的水量，消耗一部分就减少一部分，是无法持续供应的水量。补给资源是地下含水系统能够不断供应的最大可能水量；补给资源愈大，供水能力愈强。含水系统的补给资源是其多年平均年补给量。同一含水系统中，不同级次水流系统，同一级次水流系统的不同部位，地下水平均贮留时间不同，更新程度不一。

补给资源丰富的含水系统，能够不断供应的地下水量大，是理想供水水源的一个必要前提。

地下含水系统中补给资源的再生（更新）能力，取决于大气降水的数量，以及地下含水系统与外界发生水量交换的条件。

## 三、地下水资源的变动性与调节性

由于自然及人为原因，地下水资源处于不断变动之中。

自然原因方面，大气降水存在季节、年际及多年的周期变化，导致地下水补给资源变动。受季风气候控制，我国的地下水补给资源季节变化及年际变化都格外显著。

人为因素影响地下水补给资源的变动：土地利用方式的变化，城市化进程导致的无渗下垫面增多，以及温室气体排放导致的全球变化等。

随着作物单产及复种指数增大，土壤水消耗增多，降水的更多份额被包气带截留，补给地下水的份额减少。

随着城市化进程，城镇、厂矿、道路的无渗化，使降水的更多份额转化为地表水或者直接进入排水管网，从而减少地下水补给。与此同时，城市内各种管道渗漏，会增加地下水补给。

温室气体排放导致的全球变化：全球气候变暖将加速大气环流和水文循环过程，引

起水资源量及其时空分布变化加剧，进而可能导致水资源短缺问题更加突出、生态环境问题进一步恶化、洪涝灾害威胁更加严重等。

供水水源要求持续而稳定地提供一定水量。补给资源的季节、年际及多年变动，使供水不能连续稳定。储存资源的存在使地下水资源具有调节性，可以通过借用储存资源，应对季节、年际及多年变化导致的地下水补给资源变化，从而保证稳定供水。

### 四、地下水资源的多功能性

从远古到现今，人们与地下水相依共存，却长期不了解地下水的功能。人类出现的几百万年中，一直只将地下水看作供水水源的一部分；直到20世纪后期，才逐渐认识到，地下水不仅是供水水源，还是支撑各种生态系统正常运行的要素，还是引发各种环境灾害的“祸根”。即使认识到地下水具有多种功能，也依然未能落实到地下水资源评价、开发利用及管理之中。对地下水功能的片面认识，导致了长时期、大范围的理论迷误与实践失误。

## 第二节　地下水资源管理

### 一、地下水资源属性及其意义

作为供水水源的基本要求是稳定而均衡地供应一定数量的水。地下含水系统必须具备一定数量的补给资源与储存资源，补给资源保证供水的稳定性，储存资源保证供水的均衡性。

#### （一）储存资源及其意义

不可再生的储存资源，尽管不能作为持续稳定的供水水源，但是在供水中仍然发挥其重要作用：①保持一定的含水层厚度，从而保证取水建筑物（井、钻孔等）具有一定的出水能力，对于补给资源较为丰富而含水层薄的浅层地下水，此点尤为重要；②含水系统获得的补给量在时间上不稳定，存在季节变化和年际变化，因此，在补给不足的季节与年份，为了保证稳定供水，必须动用储存资源以资调节；③对于今后有望获得替代性稳定供水来源（例如，从外部调水）的情况下，在不损害生态环境的前提下，可以在一定时期内借用储存资源供水；④作为非常时期的战略后备应急水源应对特殊情况。

储存资源对于维护地下水支撑的生态系统，维护河流、湖泊及湿地的生态环境功能，保持地下水天然流场，保持岩土体应力平衡等，均有重要意义。有限度地消耗储存资源，意味着地下水位相对恒定，对于依靠根系汲取地下水赖以支撑的生态系统，不会因地下水位的下降而退化；避免因岩土应力状态失衡而导致地质灾害；不改变天然流场，不会导致海水和咸水入侵淡水含水层；原有的地下水与地表水关系不会改变，不会损害依靠地下水供应基流的河流生态系统、湖泊生态系统及湿地生态系统。

储存资源只能暂时“借用”，而不能消耗，必须在有条件时偿还借用的储存资源。鉴于储存资源的不可再生性，任何企图耗用储存资源以保持长期供水的策略，都是不可取的，不成立的。

即使借用储存资源，方式不对，力度不当，也将付出技术经济乃至生态环境的代价：①由于消耗储存资源，地下水位降低，导致提水成本增加；②孔隙含水系统浅部储存资源的消耗，导致地下水位降低，使地下水支撑的生态系统退化乃至消失，引发土地沙漠化等；③孔隙含水系统深部储存资源的消耗，使黏性土层塑性压密（黏性土压密属于消耗不可恢复的储存资源，一旦消耗，不可逆转），将引发地面沉降、地裂缝等地质灾害；④由于借用储存资源改变地下水—地表水关系，导致依赖于地表水的生态系统退化；⑤借用储存资源改变地下水流场，导致海水或咸水入侵淡水含水层等。

（二）补给资源及其意义

补给资源是一个含水系统的可再生资源量，因此，人们曾经认为，开采量不超过补给资源量，就是合理的。基于地下水的多功能，基于可持续发展理念，不但必须保证供水水源的永续利用，还要保证生态环境的永续优化，避免由于开发地下水引起的地质灾害，因此，含水系统的开采量小于补给资源，只是必要条件，而不是充分条件。当开发地下水资源的强度导致不可承受的生态环境损害时，开发地下水便是加害于未来世代的行为。

例如，孔隙含水系统深层地下水，具有半承压水的特征，弹性给水度很小，主要是不可更新的储存资源，或者补给资源十分贫乏，开发时容易造成大范围深层地下水降落漏斗，引起地面沉降、地裂缝等地质灾害；因此，从可持续发展理念出发，孔隙含水系统深层地下水资源，属于不可持续利用的地下水资源。

“激发资源”，是指开采地下水导致水位下降后，吸引周边地下水向开采中心汇聚，以及开采地下水导致地表水补给地下水的数量增大。用上述办法计算得出的“激发资源”，存在概念性错误：首先，违背了地下水资源发育具有系统性，必须以含水系统为单元进行资源评价的原则。划定任意一个范围作为计算区，指定一个任意的地下水位作为开采水位，获得一个任意的计算结果，乃是有害无益的数学游戏。其次，地下水开采导致地表水补给地下水，水资源并无增加，而是资源的转移；将地表水资源量中已经计入的部分，再次计入地下水资源量，属于重复计算。地下水资源的“激发”增量，就是地表水的“激发”减量。而“激发”减少地表水流量，会引发一系列不良生态环境效应。

以往的地下水资源评价中广泛采用数值模拟方法。通过调试参数，数值模拟结果与地下水动态观测资料拟合，作为判别数学模型是否正确的主要依据。但是，参数调试具有很大自由度，数值模拟得出的并非唯一解。

## 二、地下水可持续开采量评价方法

迄今为止，还没有成熟的可持续开采量评价方法。目前的研究集中于地下水支撑的陆地生态系统需水量，以及地下水基流维护的河流生态环境系统需水量。这两类需水量的计算都有多种方法，以下仅仅举例说明某些常用方法。

干旱地区的陆地生态系统的植被依靠吸收并蒸腾地下水维护，因此，通过观测各类植被的适生地下水位，以及相应地下水位的腾发量（包括植被蒸腾量及潜水蒸发量），可以计算需水量。地下水基流维护的河流生态环境系统需水量的计算，需要满足河流及相关湿地生态系统需水、河流自净需水、河流泥沙冲淤需水等的综合要求。例如，通常采用的水力学法，要考虑河流湿周及流量等要求。

显然，无论陆地生态系统需水量及河流生态环境系统需水量，不能满足于总量，而必须是空间分布的数量。在时间上，由于生态系统的生命具有连续性，一旦地下水的有关要素超过阈值，生态系统就可能遭受不可逆转的永久性损害。因此，必须满足最不利条件下的需求。

寻求可持续开采量的评价方法，需要将地下水、地表水、气候、土地利用和生态系统等整合为一个复合系统，采用数值模拟、地球化学和同位素方法相结合，以遥感、地理信息系统等技术方法为支撑，寻求多目标多约束下的求解。为此，需要完善地下水动态监测网，以及生态环境的监测。可持续开采量的评价，需要根据实际效果，不断调整完善。当不同类型地区研究成果不断积累以后，比较法便可以发挥愈来愈大的作用。

地下水可持续开采量评价的完善，还要付出很大的努力。将地下水可持续开采量付诸实施，将会经历更加艰难的历程。

## 三、水资源管理及地下水管理

水资源管理（water resources management）及地下水管理（groundwater management），是涉及科学技术及人文社会多学科交叉的复杂课题。在此，仅就某些原则略作讨论。

水资源发育具有自然流域特性。水资源不仅是社会生产生活资料，还是生态环境不可缺少的要素，因此，水资源具有多重功能，不同用户对水资源利用的要求相互冲突。有限的水资源与无限的需求，是一个长期存在而又不断扩大的矛盾，所有这些，决定着水资源管理的复杂性。

水资源管理需要遵循以下原则：

（1）水资源管理的终极目标是：实现水资源永续利用，实现良性生态环境的永续性维护，支撑社会经济可持续发展。

（2）水资源必须以流域为单元，实行地表水和地下水一体化管理。

（3）鉴于水资源的稀缺及水资源供求矛盾的激化，必须摒弃传统的“按求应供”，代之以“按供应求”。

（4）节流为主，节流开源并举，是水资源管理的方向。

（5）确立水资源管理体制、制定政策法规、开展公众教育及进行能力建设是实现水资源管理目标的关键。

我国节约用水的潜力很大。我国控制工业用水的最终出路是调整产业结构。

地下水资源管理要综合考虑地下水的经济社会价值及生态环境价值，在地下水资源评价基础上，将可持续开采量作为地下含水系统的开发上限，进行适应性管理。根据地下水的特点，制定开采地下水和保护地下水的专门法规。与地下水有关的生态环境监测，是地下含水系统管理的基础及调整管理对策的依据。

国内外都在探索可持续发展下的地下水管理模式。当前的趋向是寻求社会经济和生态环境相协调的地下水管理模型。由于确定生态环境需水的方法尚不成熟，以及多

目标地下水管理的复杂性，发展具有可操作性的地下水管理模型，依然是一个艰巨的任务。

# 第三节　地下水的生态环境系统

## 一、地下水是活跃的生态环境因子

地下水不仅是宝贵的资源，还是普遍而活跃的生态环境因子。

地下水普遍分布于地壳表层，易于流动并变化；以含水系统为单元赋存的地下水，以特定的模式构成时空有序的水流系统；地下水与地表水体、岩土体、土壤及生物群落之间，通过物质（水分、盐分、有机养分等）循环及能量交换，相互作用，相互依存，形成动态平衡的生态环境系统。

地下水的生态环境功能，体现在以下方面：

（1）地下水体与地表水体是相互密切关联的整体。地下水量与水质的变化，将导致河流、湖泊、湿地及海岸带的水体（水流）发生相应变化。

（2）地下水的饱水带和包气带密切关联。饱水带水量、水质变化将波及包气带乃至土壤水分和盐分的变化。

（3）地下水与岩土体共同构成岩土体力学平衡体系。作为中间应力的孔隙水压力改变，有效应力随之改变，导致岩土体变形、位移及破坏。

（4）地下水输送水分、盐分、有机养分及热量，维护支撑各种与地下水有关的生态系统。

随着人口增长及生产力发展，人类从依赖自然转为掠夺与“征服”自然。包括地下水在内的水资源大量开发，修建工程设施改变地下水的天然状态，污染物质的排放等，引起一系列生态环境负效应，危及人类的生存与发展。

“万物并育而不相害”（《中庸》三十章），“道法自然”（《道德经》），人类活动只要不违反自然规律、遵循自然规律而为，不仅不会危害自然，反而能相辅相成，和谐共生。

把握自然规律，遵循自然规律，合理调度地下水，可以构建优化的人工－自然复合系统，造福于人类。干旱半干旱地区的井灌农业，便是地下水支撑的人工－自然复合生态系统。

缺乏对地下水功能的全面认识，缺乏地下水－地表水相互作用的认识，在局部及短期利益驱动下，人类活动不合理地开发水资源，是人为活动引发的各种地下水生态环境问题的根源。探究地下水的生态环境效应，同时兼顾地下水的资源功能和生态环境功能，发挥地下水的积极作用，尽可能避免其消极效应，为包括地下水在内的水资源管理提供科学依据，是水文地质工作者不可推卸的社会责任。

## 二、不合理开发水资源导致的地表水体生态环境负效应

我国外流河流与地下水的一般关系为：上游地下水补给河水，中游地下水与河流随季节相互补给，下游为河流补给地下水。内陆盆地的河水主要来自冰雪融水，在山前地带补给地下水，再溢出成为河流，经由腾发消耗。

干旱及半干旱地区过度开发水资源，普遍出现河流消退断流，从而引发一系列地表水体的生态环境问题。国际一些专家认为，干旱地区一个流域水资源开发量超过其水资源总量的 25%，将对生态环境产生不良影响。半干旱地区水资源开发量不宜超过其水资源总量的 40%。然而，我国干旱地区，河西走廊、准噶尔盆地及塔里木盆地，流域水资源利用率普遍超过 65%；乌鲁木齐河流域及石羊河流域，流域水资源利用率甚至超过 100%。

河流的基流主要来自地下水排泄。基流量和径流量的比值称为基流指数（BFI），表征地下水对河流径流贡献大小。基流对于维护河流生态环境系统至关重要。河流基流减少甚至断流，会产生一系列生态环境负效应——这正是河流基流生态系统的研究内容。

过量开发地下水会引发以下一系列生态环境问题：

（1）各种地下水直接或间接支撑的生态系统退化；

（2）河流自净能力降低；

（3）河流输沙能力降低，减少淤积，导致海岸线退缩、三角洲造陆减少，滨海平原因构造沉降得不到泥沙淤积补偿而标高降低；

（4）海水或咸水入侵淡含水层；

（5）不可偿补的地下水储存资源永久性损失；

（6）岩土体—地下水力学平衡失衡，引发地面沉降、地裂缝、岩溶塌陷及边坡失稳等地质灾害；

（7）水盐失衡，导致土壤盐渍化；

（8）水分失衡，导致沙漠化及沼泽化。

## 三、人为干扰下地下水变化与土壤退化

地下水向土壤供应水分、盐分、有机养分及热量，既是成壤作用的基本条件，也是保障土壤生产力的基础条件。

地下水对土壤供应的水分、盐分、养分及热量，一旦失衡，将形成不良土壤。干旱气候下，地下水位埋藏过深，植物根系无法吸取毛细水带的水分，形成植被稀少的荒漠景观。干旱半干旱气候下，地下水位过浅，盐分蒸发积累于土壤，形成盐渍土，只有少数耐盐植物才能生长。温和气候下，地下水位过浅，使种植季节地温过低，形成不利于耕作的冷浸田。

人为活动影响下地下水位大幅度变动，无论抬升还是下降，都会改变土壤水分、盐分、热量的供应，从而导致土壤退化，使地下水支撑的生态系统退化。

干旱半干旱地区不合理的地表水灌溉，浅层地下水位抬升，导致土地次生沼泽化及次生盐渍化。

## 四、地下水变化引起的岩土体变形与位移

地下水变化引起岩土体变形与位移的作用机制如下：

第一，孔隙水压力变化：根据有效应力原理，有效应力等于总应力减去孔隙水压力。孔隙水压力增大时，有效应力降低，原先处于力学平衡状态的岩土体，可能发生变形及位移。

第二，地下水对岩土体不连续面的润滑：岩体中的断裂、裂隙、含泥错动带，土体软弱结构面（层面、错动面等），都是抗剪强度较低的不连续面或潜在不连续面。地下水润滑岩土体不连续面，进一步降低其摩擦阻力，促进不连续面两侧的岩土体相对位移。

第三，地下水改变黏性土的强度：随着含水量增加，黏性土由固体状态变为可塑状态，乃至流动状态，抵抗变形能力降低。

第四，地下水流引起的渗透变形：流动迅速的地下水，带走松散土的细小颗粒及

（或）溶解胶结物，破坏土体结构，导致渗透变形。

地下水引起的岩土体变形与位移，是上述机制单独或联合作用的结果。

（一）地面沉降及地裂缝

### 1. 地面沉降

地面沉降有多种成因，开发深层孔隙地下水是一个普遍而主要的原因。

大规模开采深层孔隙地下水，深层水位迅速下降，孔隙水压力降低，有效应力增大，松散沉积物释水压密，引起地面高程降低，称为地面沉降。砂层压密引起的地面沉降量小，且为弹性释水压密，孔隙水压力恢复时，地面回弹。黏性土层发生塑性释水压密，即使地下水位恢复，黏性土不能回弹，导致不可恢复的地面沉降。

我国的地面沉降，主要分布于滨海平原（环渤海滨海平原、长江三角洲及台湾西部）、华北平原及汾渭盆地。累积最大沉降量一般为 2000 ～ 3000 mm。世界各国因开采地下水发生地面沉降相当普遍，累积最大沉降量十分惊人。

地面沉降的危害大体有以下几方面：①滨海地区海潮倒灌及风暴潮加剧；②入海河流泄洪能力降低，洪涝加剧；③工程设施、市政设施及建筑物破坏；④水土环境恶化；⑤沉降损失高程的沿海地带，将因全球变暖，海平面抬升，未来将有更多陆地被海水淹没；⑥已有地面高程资料失效。

开发深层地下水导致的地面沉降基本上是不可恢复的。唯一的防治途径是减少及停止开采深层水。只有江苏省及上海、浙江宁波等地停止开采深层地下水，其他地区的地面沉降仍在继续扩展。

### 2. 地裂缝

地裂缝（ground fissure）出现于松散沉积物表面，具有一定长度及宽度。开采深层地下水后发生差异性地面沉降，是产生地裂缝的主要原因。另外，隐伏的新构造运动断裂带两侧，差异性构造沉降也会形成地裂缝。

我国地裂缝集中发生于华北平原、汾渭盆地及江苏的苏锡常地区等，20 世纪 70 年代以来，随着地下水开采增强，断层两侧差异性地面沉降导致地裂缝显著活动。

地裂缝直接损害各类工程设施、交通设施、建筑物及城市生命线，危及居民生活及生产。

（二）岩溶塌陷

岩溶塌陷多发生于上覆厚度不大松散沉积物的岩溶发育地区。岩溶洞穴、上覆沉积物及地下水，构成固体、液体及气体三相力学平衡体系，地下水位变动达到一定幅度，平衡破坏，上覆松散沉积物突然塌落，形成上大下小的圆锥形塌陷坑。

长期干旱使地下水位明显下降，或者暴雨使地下水位迅速抬升，均可发生岩溶塌陷。地下水位下降时，上覆载荷得不到足够支撑，地面塌陷。地下水位抬升时，封闭气体受压发生气爆，上覆松散沉积物破坏而塌陷。也有潜蚀影响岩溶塌陷的看法。

开采地下水、采矿排水、基坑排水等人为活动，降低浅层地下水位，有时还伴以封闭气体负压吸引，触发岩溶塌陷。人为活动引发的岩溶塌陷，如果发生于人口密集的城镇厂矿，将危害严重。

（三）滑坡

斜坡上的部分岩（土）体，在重力作用下，沿一定的软弱面（带）产生剪切破坏，向下整体滑移，称为滑坡。

潜在的滑坡体，与其下伏岩土体之间存在软弱结构面；结构面以上的岩土体自重重力，可分解为垂直于潜在滑动面的压力，以及平行于潜在滑动面的切向分力。垂直于潜在滑动面的压力与摩擦系数的乘积及潜在滑动面的黏聚力，构成阻滑力；平行于潜在滑动面的切向分力是促滑力；促滑力大于阻滑力时，岩土体失衡，发生滑坡。

触发滑坡的因素很多，此处仅讨论地下水因素。暴雨（或连续降雨）及水库蓄水，分别是天然及人为触发滑坡的主要动因。此时，地下水位抬升，浸润滑坡体，产生以下主要效应：①水分进入含有黏土物质的结构面，降低其抗剪强度，增大促滑力；②水分进入非黏土物质结构面，产生滑润作用，降低摩擦系数，增大促滑力；③孔隙水压力增大，作用于潜在滑动面的有效应力降低，阻滑力减小。上述效应的综合作用，使得促滑力大于阻滑力时，岩土体失衡，发生滑坡。

我国是滑坡多发地区，主要分布于第二地形阶梯的青海以东部分，以及第三地形阶梯的东南部。

巨型滑坡岩土体滑落体积可达数千万立方米，滑动距离达数千米，滑动速度达 30 m/s。滑坡导致水利、交通、矿山等工程设施及建筑物破坏，阻塞河道，形成堰塞湖等，造成生命财产严重损失。

（四）水库诱发地震

某些水库蓄水后地震活动性增强，这一现象称为水库诱发地震。其特点为：频率大，震级小，震源浅，波及范围有限。但是，也有少数水库诱发地震震级达到6级以上。大震级水库诱发地震，损害坝体及建筑物，衍生崩塌及滑坡，造成人员伤亡。蓄水后库水作用于断裂带，空隙水压力增大，有时还伴以断裂带浸水软化，使其抗剪强度降低，断裂锁固能力减弱，原先积累的应变能释放，诱发地震。

（五）潜蚀与管涌

地下水通常流动缓慢，其动能可以忽略，但是，特定条件下，地下水流速较大时，足以驱使松散沉积物中颗粒移动，产生渗透变形。砂砾层颗粒不均匀、水力梯度大时，地下水流携带细小颗粒通过粗大颗粒的孔隙移走，称为（机械）潜蚀。地下水流强烈冲蚀，在土体中形成管道式空洞，向地面不断涌出带砂的水，称为管涌。

堤坝两侧水头差大，使水力梯度显著增大，强烈的地下水流冲蚀土体，形成管涌，威胁堤坝安全。防洪大堤的失事，大多由管涌造成。

## 五、地下水质危害

地下水质危害分为两大类：天然地下水质危害和人为活动导致的地下水质恶化（包括地下水污染、海水及咸水入侵淡含水层）。前者是地方病的主要根源，后者危及人类健康。

（一）天然地下水有害水质与地方病

作为饮用水源的地下水，微量元素含量过多或过少，都会引起地方病（水致地方病）。例如，缺碘会引起地方性甲状腺肿及地方性克汀病（婴儿呆小、聋哑、瘫痪）；高砷引起地方性砷中毒（心脑血管病、神经病变、癌症等）；高氟引起地方性氟中毒（氟斑牙、氟骨症）。克山病是一种心肌病变为主的地方病，大骨节病是关节破坏为主的地方病，两者的病因尚无定说，有的认为与腐殖酸含量高有关，有的认为可能与缺硒有关，经过改善环境与饮水，发病率大为降低。

（二）地下水污染

地下水污染的含义迄今尚无共识。我们认为，人为活动产生的有害组分加入天然地下水，改变其物理、化学及生物性状，导致水质恶化，称为地下水污染。与地表水相比，地下水污染治理难度大得多。

地下水的污染源多种多样，主要有：城镇、厂矿的废渣及废水排放；农田施加农药、化肥施用及污水灌溉等。地下水污染物质种类繁多；如三氮（$NO_3$、$NO_2$、$NH^+$）、酚类化合物、苯类化合物等；Cr、Hg、Cd、Zn、Pb 等重金属离子；持久性有机污染物（persistent organic pollutants，简称 POPs），如二噁英；放射性元素；各种传染性病菌等。污染的地下水，或威胁人体健康，或不能作为工农业用水，从而导致水质性缺水，加剧水资源供需矛盾。

包气带土壤可以降解及吸附部分污染物；进入饱和带的污染物，随着地下水流运移而扩散（弥散）。污染物总量不大时，经过一段时间，可以通过自净作用（降解、吸附、稀释、衰变等）达到无害的含量水平。污染物质源源不断进入，则随着水流运移，污染范围不断扩大。

## 六、地下水支撑的生态系统

### （一）概述

生态系统（ecosystem）是指在一定时间和空间范围内，生物与生物之间、生物与非生物之间，通过不断的物质循环和能量交换而形成的相互作用、相互依存的生态学功能单位。

生态系统是人类生存与发展的必要基础。生态系统为人类提供食品、药物及其他生活生产原料，提供氧气，调节气候，涵养水源，防风固沙、保持水土，保护生物多样性。

研究水循环与生态系统相互关系，形成了生态水文学。近年来，研究地下水与生态系统的关系，正在形成新的交叉学科——生态水文地质学。

生态水文地质学研究与地下水有关的生态系统，英文将后者称为 groundwater dependent ecosystems；相应的中文术语并不统一，有的称作“依赖于地下水的生态系统”，有的称作“地下水相关生态系统”。本书中采用的术语是“地下水支撑的生态系统”。

有关地下水支撑的生态系统的研究尚不成熟，迄今缺乏统一的分类。因此，下面的讨论只是一些初步认识。

地下水支撑的生态系统可以大致分为三类：地下水中生存的生态系统、地下水直接支撑的生态系统及地下水间接支撑的生态系统。

（二）陆生植被生态系统与生态地下水位

根系直接从浅部地下水吸收水分、盐分及营养物质的植被，属于陆生植被生态系统。

土壤—植物—大气连续体（soil-plant-atmosphere continuity，简称 SPAC）在此连续体内部，水分及能量转换具有统一性。当土壤中的水分主要来自浅部地下水时，不应忽略地下水的生态功能；更为完整的水与植被的关系应是：地下水—土壤—植物—大气连续体（groundwater-soil-plant-atmosphere continuity，简称 GSPAC）。

地下水为植物提供水分、盐分、有机养分及热量。地下水位过深时，根系无法从支持毛细水带吸收足够的水分等，导致植被退化；水分长期供应不足，则植被消亡。地下水位过浅时，或导致土壤盐渍化，威胁植被生长；或因毛细饱和带接近地表，非喜水植物将因缺氧而退化。据此，提出了生态地下水位的概念。

生态地下水位是维持特定植物种群的（浅层）地下水埋藏深度。当地下水埋藏深度大于或小于某一植物种群的适应范围时，这一植物种群会发生退化。统计出现频率最大植物种群相对应的地下水埋藏深度，可以确定该种群的生态水位。

（三）生态需水量

20 世纪 70 年代前后，国内外开始提出生态需水量的问题，国外研究开端于河流生态系统需水，国内则从干旱地区生态需水开始探讨是国内第一个提出干旱地区生态需水量的研究者。

长期以来，人们只注意生活需水及生产需水，忽略生态及环境需水。随着水资源过度开发、生态环境恶化，威胁人类生存与发展，生态需水量或生态环境需水量，才进入人们的视野。然而，迄今为止，对于生态（环境）需水量的含义依然缺乏统一认识；生态（环境）需水量的确定方法，仍在探索之中。

生态需水量是维护健康的生态系统运行所需的水量。生态环境需水量是维护生态系统与环境健康所需要的水量。环境需水量不仅涉及有机的生态系统，而且涉及无机的环境需水改善水质、净化水体用水，保持泥沙冲淤平衡用水、景观用水等。

生态水利需要保持四个方面平衡：水热（能）平衡、水盐平衡、水沙平衡及水量平衡（包含水资源供需平衡）。这是迄今为止关于生态环境系统需水量全面的理论概括，可以作为探讨生态环境需水量的理论基础。

根据生态（环境）系统不同，生态（环境）需水量可分为：河流生态环境需水、湖泊生态环境需水、湿地生态环境需水、城市生态环境需水及陆地生态系统需水

等。生态（环境）需水量的确定方法多样，迄今并不成熟。例如，对于陆地植被生态系统，国内大多采用基于水均衡之上的“面积定额法”“潜水蒸发法”及改进后的彭曼法等。

### （四）含水层中的生物

20 世纪 70 年代，发现有机污染物流经含水层会发生生物降解，含水层生态系统才被认识。各类含水层都存在微生物，且分布深度很大。在粉砂及黏性土中，主要是革兰氏阳性种群，砂砾中多为革兰氏阴性种群。岩溶含水层中的微生物多与地表水中的相同。岩溶洞穴具有无光照、缺氧、富二氧化碳、温度及湿度稳定等特点，出现从微生物到鱼类等种群，其中某些是地下洞穴所特有的地方性种群；岩溶洞穴中的鱼类，生存寿命以及个体尺寸都大于地表水。

### （五）潜流带生态系统

河床湿周外围存在一个地表水—地下水交互作用地带，称为潜流带，也可称之为地表水—地下水交错带。潜流带是一个独特的生态环境。

河流与地下水积极交换过程中，发生物理渗滤及生物地球化学作用。通过上述作用，金属离子沉淀，有机污染物降解，河流底泥自净能力增强，水质改善。潜流带为地表水体提供生物所需营养物质，在洪水或干旱时期是许多无脊椎动物的避难所。潜流带每年都发现许多新的种群，是生物多样性的重要储库。

### （六）湿地生态系统

狭义湿地（wetland）是指地表过湿或经常积水，生长湿地生物的地区。湿地生态系统是湿地植物、栖息于湿地的动物、微生物及其环境组成的统一整体。湿地具有多种功能：保护生物多样性（国家一级保护鸟类约有 1/2 生活于湿地），调节径流，改善水质，调节小气候，以及提供食物、药物及工业原料，提供旅游资源。

地下水支撑的湿地生态系统，要求地下水位大部分时间高出地面。湿地中发生一系列生物化学作用：湿地植物根系释氧，使金属离子氧化沉淀（例如，$Fe^{2+}$ 转化为 $Fe^{3+}$，生成氢氧化铁沉淀），非金属离子氧化（$HS^-$ 及 $NH^+$ 分别转变为 $SO^{2-}$ 及 $NO_3$），污染物得到生物降解，从而改善水质；$Ca^{2+}$ 则因脱碳酸作用而沉淀。

开发地下水使地下水位降低，湿地将退化甚至消亡。

### （七）海底地下水排泄带与近岸海洋生态系统

延伸到近岸海底的含水层，发生海底地下水排泄（submarine groundwater discharge，简称 SGD），分布范围由若干米到若干千米不等。海底地下水排泄为近岸海水提供营养物质、金属离子、碳及细菌，据测算，地下水输入海洋的物质数量，可能比地表水还要多。地下水输入的营养物质，支撑近岸海洋生态系统。海底排泄地下水与海水发生化学反应，形成碳酸盐岩等沉积。

# 第九章　水资源的可持续利用

## 第一节　水资源可持续利用概述

### 一、水资源可持续利用的含义

水资源可持续利用（Sustainable Water Resources Utilization），即一定空间范围水资源既能满足当代人的需要，对后代人满足其需求能力又不构成危害的资源利用方式。

### 二、水资源可持续利用的原则

水资源可持续利用为保证人类社会、经济和生存环境可持续发展对水资源实行永续利用的原则。可持续发展的观点是20世纪80年代在寻求解决环境与发展矛盾的出路中提出的，并在可再生的自然资源领域相应提出可持续利用问题，其基本思路是在自然资源的开发中，注意因开发所致的不利于环境的副作用和预期取得的社会效益相平衡。在水资源的开发与利用中，为保持这种平衡就应遵守供饮用的水源和土地生产力得到保护的原则，保护生物多样性不受干扰或生态系统平衡发展的原则，对可更新的淡水资源不可过量开发使用和污染的原则。因此，在水资源的开发利用活动中，绝对不能损害地球上的生命支持系统和生态系统，必须保证为社会和经济可持续发展合理供应所需的水资源，满足各行各业用水要求并持续供水。此外，水在自然界循环过程中会受到干扰，应注意研究对策，使这种干扰不致影响水资源可持续利用。

### 三、水资源规划和水工程设计

为适应水资源可持续利用的原则，在进行水资源规划和水工程设计时应使建立的工程系统体现如下特点：

（1）天然水源不因其被开发利用而造成水源逐渐衰竭；

（2）水工程系统能较持久地保持其设计功能，因自然老化导致的功能减退能有后续的补救措施；

（3）对某范围内水供需问题能随工程供水能力的增加及合理用水、需水管理、节水措施的配合，使其能较长期保持相互协调的状态；

（4）因供水及相应水量的增加而致废污水排放量的增加，而须相应增加处理废污水能力的工程措施，以维持水源的可持续利用效能。

## 第二节　水资源可持续利用评价

水资源可持续利用指标体系及评价方法是目前水资源可持续利用研究的核心，是进行区域水资源宏观调控的主要依据。

### 一、水资源可持续利用指标体系

（一）水资源可持续利用指标体系研究的基本思路

水资源可持续利用是一个反映区域水资源状况（包括水质、水量、时空变化等），开发利用程度，水资源工程状况，区域社会、经济、环境与水资源协调发展，近期与远期不同水平年对水资源分配竞争；地区之间、城市与农村之间水资源的受益差异等多目标的决策问题。根据可持续发展与水资源可持续利用的思想，水资源可持续利用指标体系的研究思路应包括以下方面：

#### 1. 基本原则

区域水资源可持续利用指标体系的建立，应该根据区域水资源特点，考虑到区域社会经济发展的不平衡、水资源开发利用程度及当地科技文化水平的差异等，在借鉴国际上对资源可持续利用的基础上，以科学、实用、简明的选取原则，具体考虑以下几方面：

（1）全面性和概括性相结合

区域水资源可持续利用系统是一个复杂的复合系统，它具有深刻而丰富的内涵，要求建立的指标体系具有足够的涵盖面，全面反映区域水资源可持续利用内涵，但同时又

要求指标简洁、精练。因为要实现指标体系的全面性就极容易造成指标体系之间的信息重叠，从而影响评价结果的精度。为此，应尽可能地选择综合性强、覆盖面广的指标，而避免选择过于具体详细的指标。同时，应考虑地区特点，抓住主要的、关键性指标。

（2）系统性和层次性相结合

区域以水为主导因素的水资源—社会—经济—环境这一复合系统的内部结构非常复杂，各个系统之间相互影响，相互制约。因此，要求建立的指标体系层次分明，具有系统化和条理化，将复杂的问题用简洁明朗的、层次感较强的指标体系表达出来，充分展示区域水资源可持续利用复合系统可持续发展状况。

（3）可行性与可操作性相结合

建立的指标体系往往在理论上反映较好，但实践性却不强。因此，在选择指标时，不能脱离指标相关资料信息条件的实际，要考虑指标的数据资料来源，也即选择的每一项指标不但要有代表性，而且应尽可能选用目前统计制度中所包含或通过努力可能达到、对于那些未纳入现行统计制度、数据获得不是很直接的指标，只要它是进行可持续利用评价所必需的，也可将其选择作为建议指标，或者可以选择与其代表意义相近的指标作为代替。

（4）可比性与灵活性相结合

为了便于区域自己在纵向上或者区域与其他区域在横向上比较，要求指标的选取和计算采用国内外通行口径，同时，指标的选取应具备灵活性，水资源、社会、经济、环境具有明显的时空属性，不同的自然条件、不同的社会经济发展水平、不同的种族和文化背景，导致各个区域对水资源的开发利用和管理都具有不同的侧重点和出发点。指标因地区不同而存在差异，因此，指标体系应具有灵活性，可根据各地区的具体情况进行相应调整。

（5）问题的导向性

指标体系的设置和评价的实施，目的在于引导被评估对象走向可持续发展的目标，因而水资源可持续利用指标应能够体现人、水、自然环境相互作用的各种重要原因和后果，从而为决策者有针对性地适时调整水资源管理政策提供支持。

### 2．理论与方法

借助系统理论、系统协调原理，以水资源、社会、经济、生态、环境、非线性理论、系统分析与评价、现代管理理论与技术等领域的知识为基础，以计算机仿真模拟为工具，

采用定性与定量相结合的综合集成方法，研究水资源可持续利用指标体系。

### 3．评价与标准

水资源可持续利用指标的评价标准可采用 Bossel 分级制与标准进行评价，将指标分为 4 个级别，并按相对值 0 ～ 4 划分。其中，0 ～ 1 为不可接受级，即指标中任何一个指标值小于 1 时，表示该指标所代表的水资源状况十分不利于可持续利用，为不可接受级；1 ～ 2 为危险级，即指标中任何一个值在 1 ～ 2 时，表示它对可持续利用构成威胁；2 ～ 3 为良好级，表示有利于可持续利用；3 ～ 4 为优秀级，表示十分有利于可持续利用。

（1）水资源可持续利用的现状指标体系

现状指标体系分为两大类：基本定向指标和可测指标。

基本定向指标是一组用于确定可持续利用方向的指标，是反映可持续性最基本而又不能直接获得的指标。基本定向指标可选择生存、能效、自由、安全、适应和共存六个指标。

生存表示系统与正常环境状况相协调并能在其中生存与发展。能效表示系统能在长期平衡基础上通过有效的努力使稀缺的水资源供给安全可靠，并能消除其对环境的不利影响。自由表示系统具有能力在一定范围内灵活地应付环境变化引起的各种挑战，以保障社会经济的可持续发展。安全表示系统必须能够使自己免受环境易变性的影响，使其可持续发展。适应表示系统应能通过自适应和自组织更好地适应环境改变的挑战，使系统在改变了的环境中持续发展。共存是指系统必须有能力调整其自身行为，考虑其他子系统和周围环境的行为、利益，并与之和谐发展。

可测指标即可持续利用的量化指标，按社会、经济、环境 3 个子系统划分，各子系统中的可测指标由系统本身有关指标及其可持续利用涉及的主要水资源指标构成，这些指标又进一步分为驱动力指标、状态指标和响应指标。

（2）水资源可持续利用指标趋势的动态模型

应用预测技术分析水资源可持续利用指标的动态变化特点，建立适宜的水资源可持续利用指标动态模拟模型和动态指标体系，通过计算机仿真进行预测。根据动态数据的特点，模型主要包括统计模型、时间序列（随机）模型、人工神经网络模型（主要是模糊人工神经网络模型）和混沌模型。

（3）水资源可持续利用指标的稳定性分析

由于水资源可持续利用系统是一个复杂的非线性系统，在不同区域内，应用非线性理论研究水资源可持续利用系统的作用、机理和外界扰动对系统的敏感性。

（4）水资源可持续的综合评价

根据上述水资源可持续利用的现状指标体系评价、水资源可持续利用指标趋势的动态模型和水资源可持续利用指标的稳定性分析，应用不确定性分析理论，进行水资源可持续的综合评价。

（二）水资源可持续利用指标体系研究进展

### 1. 水资源可持续利用指标体系的建立方法

现有指标体系建立的方法基本上是基于可持续利用的研究思路，归纳起来包括几点：

（1）系统发展协调度模型指标体系由系统指标和协调度指标构成。系统可概括为社会、经济、资源、环境组成的复合系统。协调度指标则是建立区域人—地相互作用和潜力三维指标体系，通过这一潜力空间来综合测度可持续发展水平和水资源可持续利用评价。

（2）资源价值论应用经济学价值观点，选用资源实物变化率、资源价值（或人均资源价值）变化率和资源价值消耗率变化等指标进行评价。

（3）系统层次法基于系统分析法，指标体系由目标层和准则层构成。目标层即水资源可持续利用的目标，目标层下可建立 1 个或数个较为具体的分目标，即准则层。准则层则由更为具体的指标组成，应用系统综合评判方法进行评价。

（4）压力—状态—反应（PSR）结构模型由压力、状态和反应指标组成。压力指标用以表征造成发展不可持续的人类活动和消费模式或经济系统的一些因素，状态指标用以表征可持续发展过程中的系统状态，响应指标用以表征人类为促进可持续发展进程所采取的对策。

（5）生态足迹分析法是一组基于土地面积的量化指标对可持续发展的度量方法，它采用生态生产性土地为各类自然资本统一度量基础。

（6）归纳法首先把众多指标进行归类，再从不同类别中抽取若干指标构建指标体系。

（7）不确定性指标模型认为水资源可持续利用概念具有模糊、灰色特性。应用模糊、灰色识别理论、模型和方法进行系统评价。

（8）区间可拓评价方法将待评指标的量值、评价标准均以区间表示，应用区间与区间之距概念和方法进行评价。

（9）状态空间度量方法以水资源系统中人类活动、资源、环境为三维向量表示承载状态点，状态空间中不同资源、环境、人类活动组合则可形成区域承载力，构成区域承

载力曲面。

（10）系统预警方法中的预警是水资源可持续利用过程中偏离状态的警告，它既是一种分析评价方法，又是一种对水资源可持续利用过程进行监测的手段。预警模型由社会经济子系统和水资源环境子系统组成。

（11）属性细分理论系统就是将系统首先进行分解，并进行系统的属性划分，根据系统的细分化指导寻找指标来反映系统的基本属性，最后确定各子系统属性对系统属性的贡献。

### 2. 水资源可持续利用评价的基本程序

基本程序包括：①建立水资源可持续利用的评价指标体系；②确定指标的评价标准；③确定性评价；④收集资料；⑤指标值计算与规格化处理；⑥评价计算；⑦根据评价结果，提出评价分析意见。

因此，为了准确评定水资源配置方案的科学性，必须建立能评价和衡量各种配置方案的统一尺度，即评价指标体系。评价指标体系是综合评价的基础，指标确定是否合理，对于后续的评价工作起决定性的影响。可见，建立科学、客观、合理的评价指标体系，是水资源配置方案评价的关键。

## 二、水资源可持续利用评价方法

水资源开发利用保护是一项十分复杂的活动，至今未有一套相对完整、简单而又为大多数人所接受的评价指标体系和评价方法。一般认为指标体系要能体现所评价对象在时间尺度的可持续性、空间尺度上的相对平衡性、对社会分配方面的公平性、对水资源的控制能力、对与水有关的生态环境质量的特异性、具有预测和综合能力，并相对易于采集数据，相对易于应用。

水资源可持续利用评价包括水资源基础评价、水资源开发利用评价、与水相关的生态环境质量评价、水资源合理配置评价、水资源承载能力评价及水资源管理评价六个方面。水资源基础评价突出资源本身的状况及其对开发利用保护而言所具有的特点；开发利用评价则侧重于开发利用程度、供水水源结构、用水结构、开发利用工程状况和缺水状况等方面；与水有关的生态环境质量评价要能反映天然生态与人工生态的相对变化、河湖水体的变化趋势、土地沙化与水土流失状况、用水不当导致的耕地盐渍化状况及水体污染状况等；水资源合理配置评价不是侧重于开发利用活动本身，而是侧重于开发利用对可持续发展目标的影响，主要包括水资源配置方案的经济合理性、

生态环境合理性、社会分配合理性及三方面的协调程度，同时还要反映开发利用活动对水文循环的影响程度、开发利用本身的经济代价及生态代价，以及所开发利用水资源的总体使用效率；水资源承载能力评价要反映极限性、被承载发展模式的多样性和动态性，以及从现状到极限的潜力等；水资源管理评价包括需水、供水、水质、法规、机构等五方面的管理状态。

水资源可持续利用评价指标体系是区域与国家可持续发展指标体系的重要组成部分，也是综合国力中资源部分的重要环节。可持续发展之路，是中国在未来发展的自身需要和必然选择。为此，对水资源可持续利用进行评价具有重要意义。

（一）水资源可持续利用评价的含义

水资源可持续利用评价是按照现行的水资源利用方式、水平、管理与政策对其能否满足社会经济持续发展所要求的水资源可持续利用做出的评估。

进行水资源可持续利用评价的目的在于认清水资源利用现状和存在问题，调整其利用方式与水平，实施有利于可持续利用的水资源管理政策，有助于国家和地区社会经济可持续发展战略目标的实现。

（二）水资源可持续利用指标体系的评价方法

综合许多文献，目前，水资源可持续利用指标体系的评价方法主要有以下几种：

（1）综合评分法其基本方法是通过建立若干层次的指标体系，采用聚类分析、判别分析和主观权重确定的方法，最后给出评判结果。它的特点是方法直观，计算简单。

（2）不确定性评判法主要包括模糊与灰色评判。模糊评判采用模糊联系合成原理进行综合评价，多以多级模糊综合评价方法为主。该方法的特点是能够将定性、定量指标进行量化。

（3）多元统计法主要包括主成分分析和因子分析法。该方法的优点是把涉及经济、社会、资源和环境等方面的众多因素组合为量纲统一的指标，解决了不同量纲的指标之间可综合性问题，把难以用货币术语描述的现象引入了环境和社会的总体结构中，信息丰富，资料易懂，针对性强。

（4）协调度法利用系统协调理论，以发展度、资源环境承载力和环境容量为综合指标来反映社会、经济、资源（包括水资源）与环境的协调关系，能够从深层次上反映水资源可持续利用所涉及的因果关系。

（5）多维标度方法主要包括 Torgerson 法、K—L 方法、Shepard 法、Kruskal 法和最

小维数法。与主成分分析方法不同，其能够将不同量纲指标整合，进行综合分析。

（三）水资源可持续利用评价指标

### 1．水资源可持续利用的影响因素

水资源可持续利用的影响因素主要有：区域水资源数量、质量及其可利用量；区域社会人口经济发展水平及需水量；水资源开发利用的水平；水资源管理水平；区域外水资源调用的可能性等。

### 2．选择水资源可持续利用评价指标

选择水资源可持续利用评价指标主要考虑：对水资源可持续利用有较大影响；指标值便于计算；资料便于收集，便于进行纵向和横向的比较。

指标体系：

（1）水资源供需平衡值 $B$

水资源供需平衡值 $B$ 为供水量 $S_u$ 与需供水量 $N$ 的比值，即：

$$B = S_u / N \tag{9-1}$$

式中，供水量 $S_u$ 为水资源经蓄、引、提、调所提供的河外用水量，不包括水域生态用水、冲淤用水、航运用水等河内用水；需供水量 $N$ 亦是指需要提供的河外用水量。

供需平衡值 $B$ 不仅与区域水资源总量、需水量有关，还与供水设施水平有关，是反映地区水资源可持续利用状况最主要的指标。

在 $B$ 值计算时，若供水量是以供水设施在某一概率的水资源总量在某一代表年份分配状况下的最大供水量计算的，该供水量代表的是地区的供水能力，称可供水量。由此计算的 $B$ 值我们称为用实际供水量即用水量计算的称为 $B_2$，关系如下：

$$B_2 < 1, B_1 \geqslant B_2 \tag{9-2}$$

评价水资源利用的可持续性，倾向于用 $B_1$，但 $B_2$ 是实际发生的，可信度较高，以 $B = B_1 \cdot B_2$ 应该更好一些。

当 $B < 1$，即地区缺水较多时，还不能断言地区水资源利用可持续性较差，尚须进一步考虑地区水资源总量及其可利用程度。

（2）水资源对需求量的潜在满足度 $S$

需求量的潜在满足度 $S$ 为可利用水资源总量 $W$ 与需水量 $N$ 的比值，即：

$$S = W / N$$

（9-3）

式中，可利用水资源总量 $W$ 为区域降水产生的地表径流量和地下水中可利用部分与区域外来水量中可利用的部分之和。地表径流扣除河道内用水量作为可以利用的数量，地下水以允许开采量作为可利用的数量。

水资源对需求量的潜在满足度 $S$ 反映区域水资源可持续利用的潜在能力。

①地下水利用度 $S_{\mathrm{E}}$

把地下水允许开采量 $P$ 与地下水实际开采量 $E$ 的比值 $S_g$ 定义为地下水利用度，即：

$$S_g = P / E$$

（9-4）

若 $S_z < 1$，地下水实际开采量大于允许开采量，地下水平衡失调，地下水持续利用受到阻碍。$S_g$ 对区域水资源持续利用的影响可用 $I_g$ 表示：

$$I_g = 1 + \left(S_g - 1\right) \quad E / S_u$$

（9-5）

式中字母意义同前。若 $S_g < 1$，则 $I_g < 1$。

②循环用水比例 $R_c$

循环用水往往是指工业用水中的循环用水。设工业用水量为 $I$，其循环用水量为 $C$，则：

$$R_{\mathrm{e}} = C / I$$

（9-6）

其对区域水资源可持续利用影响为 $I_c$，则：

$$I_c = 1 + R_c \cdot I / S_u$$

（9-7）

循环用水比例是反映区域水资源管理、节水措施状况的一个指标。

（3）水资源水质达标率 $R$

水资源水质标准可选用水源水质标准或地面水水质标准。水质达标率是反映区域水资源受污染程度和水质管理水平的一个指标。

（4）区域供水量的替补率 $R_n$

区域外水资源经水利设施调入的水资源数量 $W_n$ 与区域供水量 $S_u$ 的比值 $R$ 定义为区域供水量的替补率，即：

$$R_n = W_n / S_u \tag{9-8}$$

在区域水资源贫乏的情况下，从区域外调水往往是区域水资源可持续利用的重要因素。设 $R_n$ 对区域水资源可持续利用的影响值为 $I_n$，则：

$$I_n = 1 + R_n \tag{9-9}$$

（5）社会发展和管理影响因子 $F$

以上指标都直接和间接地与社会发展和管理水平有关，但是社会发展和管理水平更多地影响了许多资源利用状况的变化及其速率，也极大地影响了区域资源供需状况的变化。

例如，社会人口、经济的增长将使需水量增加；节水措施的推广、科技水平的提高将使循环用水量增加、万元产值耗水量减少、亩均用水量减少、水资源利用效率提高，这些将使需水量减少。又如，加强环境保护措施将使水质改善，但若环保不力，又将使水资源质量恶化，所有这些都将影响水资源持续利用。

所以，在水资源持续利用评价指标中除了有反映利用状态的指标外，增加反映利用状态变化率的指标，才比较充分，才更能体现持续利用评价的目标。综合这些影响利用状况变化的因素，我们称之为社会发展和管理影响因子 $F$ 。$F$ 值的大小可根据需水量、可供水量、水污染状况等方面的年际变化率来估算，也可以采用德尔菲法、邀请专家评分来确定。

（四）综合指数

我们采用综合指数 $G$ 对地区水资源可持续利用状况进行评价，令：

$$G = B \cdot S \cdot R_p \cdot I_g \cdot I_e \cdot I_n \cdot F$$

（9-10）

式中，字母意义同前。

$G$ 值可等于1、小于1或大于1。$G$ 值等于或大于1，基本上可以达到水资源持续利用，$G$ 值愈大，水资源持续利用的保证程度愈高；$G$ 值小于1，$G$ 值愈小愈不利于水资源持续利用。

进行水资源可持续利用评价的理论和方法的基础是水资源供需平衡分析，但是，它和水资源供需平衡分析不同，水资源可持续利用评价是对水资源供需平衡状态及其变化和利用潜力的综合评估。

以上介绍了水资源可持续利用的评价方法，以及评价的指标体系及其计算途径和综合指数的评价方法，其中不乏待完善之处，将有待进一步研究或讨论。

## 第三节　水资源承载能力

### 一、水资源承载能力的概念及内涵

#### （一）水资源承载能力的概念

考虑到水资源承载能力研究的现实与长远意义，对它的理解和界定，要遵循下列原则：第一，必须把它置于可持续发展战略构架下进行讨论，离开或偏离社会持续发展模式是没有意义的；第二，要把它作为生态经济系统的一员，综合考虑水资源对地区人口、资源、环境和经济协调发展的支撑力；第三，要识别水资源与其他资源不同的特点，它既是生命、环境系统不可缺少的要素，又是经济、社会发展的物质基础，既是可再生、流动的、不可浓缩的资源，又是可耗竭、可污染、利害并存和不确定性的资源。水资源承载能力除受自然因素影响外，还受许多社会因素影响和制约，如受社会经济状况、国家方针政策（包括水政策）、管理水平和社会协调发展机制等影响。因此，水资源承载能力的大小是随空间、时间和条件变化而变化的，且具有一定的动态性、可调性和伸缩性。

根据上述认识，水资源承载能力的定义为：某一流域或地区的水资源在某一具体历史发展阶段下，以可预见的技术、经济和社会发展水平为依据，以可持续发展为原则，以维护生态环境良性循环发展为条件，经过合理优化配置，对该流域或地区社会经济发展的最大支撑能力。

可以看出，有关水资源承载能力研究面对的是包括社会、经济、环境、生态、资源在内的错综复杂的大系统。在这个系统内，既有自然因素的影响，又有社会、经济、文化等因素的影响。为此，开展有关水资源承载能力研究工作的学术指导思想，应是建立在社会经济、生态环境、水资源系统的基础上，在资源—资源生态—资源经济科学原理指导下，立足于资源可能性，以系统工程方法为依据进行的综合动态平衡研究。着重从资源可能性出发，回答：一个地区的水资源数量多少，质量如何，在不同时期的可利用水量、可供水量是多少，用这些可利用的水量能够生产出多少工农业产品，人均占有工农业产品的数量是多少，生活水平可以达到什么程度，合理的人口承载量是多少。

### （二）水资源承载能力的内涵

从水资源承载能力的含义来分析，至少具有如下几点内涵：

在水资源承载能力的概念中，主体是水资源，客体是人类及其生存的社会经济系统和环境系统，或更广泛的生物群体及其生存需求。水资源承载能力就是要满足客体对主体的需求或压力，也就是水资源对社会经济发展的支撑规模。

水资源承载能力具有空间属性。它是针对某一区域来说的，因为不同区域的水资源量、水资源可利用量、需水量及社会发展水平、经济结构与条件、生态环境问题等方面可能不同，水资源承载能力也可能不同。因此，在定义或计算水资源承载能力时，首先要圈定研究区范围。

水资源承载能力具有时间属性。在众多定义中均强调“在某一阶段”，这是因为在不同时段内，社会发展水平、科技水平、水资源利用率、污水处理率、用水定额，以及人均对水资源的需求量等均有可能不同。因此，在水资源承载能力定义或计算时，也要指明研究时段，并注意不同阶段的水资源承载能力可能有变化。

水资源承载能力对社会经济发展的支撑标准应该以“可承载”为准则。在水资源承载能力概念和计算中，必须要回答：水资源对社会经济发展支撑到什么标准时才算是最大限度的支撑。也只有在定义了这个标准后，才能进一步计算水资源承载能力。

一般把“维系生态系统良性循环”作为水资源、承载能力的基本准则。

必须承认水资源系统与社会经济系统、生态环境系统之间是相互依赖、相互影响的复杂关系。不能孤立地计算水资源系统对某一方面的支撑作用，而是要把水资源系统与社会经济系统、生态环境系统联合起来进行研究。在水资源—社会经济—生态环境复合大系统中，寻求满足水资源可承载条件的最大发展规模，这才是水资源承载能力。

“满足水资源承载能力”仅仅是可持续发展量化研究可承载准则（可承载准则包括资源可承载、环境可承载。资源可承载又包括水资源可承载、土地资源可承载等）的一部分，它还必须配合其他准则（有效益、可持续），才能保证区域可持续发展。因此，在研究水资源合理配置时，要以水资源承载能力为基础，以可持续发展为准则（包括可承载、有效益、可持续），建立水资源优化配置模型。

（三）水资源承载能力衡量指标

根据水资源承载能力的概念及内涵的认识，对水资源承载能力可以用三个指标来衡量：

**1．可供水量的数量**

地区（或流域）水资源的天然生产力有最大、最小界限，一般以多年平均产出量（水量）表示，其量基本上是个常数，也是区域水资源承载能力的理论极限值，可用总水量、单位水量表示。可供水量是指地区天然的和人工可控的地表与地下径流的一次性可利用的水量，其中包括人民生活用水、工农业生产用水、保护生态环境用水和其他用水等。可供水量的最大值将是供水增长率为零时的相应水量。

**2．区域人口数量限度**

在一定生活水平和生态环境质量下，合理分配给人口生活用水、环卫用水所能供养的人口数量的限度，或计划生育政策下，人口增长率为零时的水资源供给能力，也就是水资源能够养活人口数量的限度。

**3．经济增长的限度**

在合理分配给国民经济的生产用水增长率为零时，或经济增长率因受水资源供应限制为“零增长”时，国民经济增长将达到最大限度或规模，这就是单项水资源对社会经济发展的最大支持能力。

应该说明，一个地区的人口数量限度和国民经济增长限度，并不完全取决于水资源

供应能力。但是，在一定的空间和时间，由于水资源紧缺和匮乏，它很可能是该地区持续发展的“瓶颈”资源，我们不得不早做研究，寻求对策。

## 二、水资源承载能力研究的主要内容、特性及影响因素

### （一）水资源承载能力的主要研究内容

水资源承载能力研究是属于评价、规划与预测一体化性质的综合研究，它以水资源评价为基础，以水资源合理配置为前提，以水资源潜力和开发前景为核心，以系统分析和动态分析为手段，以人口、资源、经济和环境协调发展为目标，由于受水资源总量、社会经济发展水平和技术条件及水环境质量的影响，在研究过程中，必须充分考虑水资源系统、宏观经济系统、社会系统及水环境系统之间的相互协调与制约关系。水资源承载能力的主要研究内容包括：

（1）水资源与其他资源之间的平衡关系：在国民经济发展过程中，水资源与国土资源、矿藏资源、森林资源、人口资源、生物资源、能源等之间的平衡匹配关系。

（2）水资源的组成结构与开发利用方式：包括水资源的数量与质量、来源与组成，水资源的开发利用方式及开发利用潜力，水利工程可控制的面积、水量，水利工程的可供水量、供水保证率。

（3）国民经济发展规模及内部结构：国民经济内部结构包括工农业发展比例、农林牧副渔发展比例、轻工重工发展比例、基础产业与服务业的发展比例等。

（4）水资源的开发利用与国民经济发展之间的平衡关系：使有限的水资源在国民经济各部门中达到合理配置，充分发挥水资源的配置效率，使国民经济发展趋于和谐。

（5）人口发展与社会经济发展的平衡关系：通过分析人口增长变化趋势、消费水平变化趋势，研究预期人口对工农业产品的需求与未来工农业生产能力之间的平衡关系。

（6）通过上述五个层次内容的研究，寻求进一步开发水资源的潜力，提高水资源承载能力的有效途径和措施，探讨人口适度增长、资源有效利用、生态环境逐步改善、经济协调发展的战略和对策。

### （二）水资源承载能力的特性

随着科学技术的不断发展，人类适应自然、改造自然的能力逐渐增强，人类生存的环境正在发生重大变化，尤其是近年来，变化的速度渐趋迅速，变化本身也更为复杂。与此同时，人类对于物质生活的各种需求不断增长，因此水资源承载能力在概念上具有

动态性、跳跃性、相对极限性、不确定性、模糊性和被承载模式的多样性。

### 1．动态性

动态性是指水资源承载能力的主体（水资源系统）和客体（社会经济系统）都随着具体历史的不同发展阶段呈动态变化。水资源系统本身量和质的不断变化，导致其支持能力也相应发生变化，而社会体系的运动使得社会对水资源的需求也是不断变化的。这使得水资源承载能力与具体的历史发展阶段有直接的联系，不同的发展阶段有不同的承载能力，体现在两个方面：一是不同的发展阶段人类开发水资源的能力不同，二是不同的发展阶段人类利用水资源的水平也不同。

### 2．跳跃性

跳跃性是指承载能力的变化不仅仅是缓慢的和渐进的，而且在一定的条件下会发生突变。突变可能是由于科学技术的提高、社会结构的改变或者其他外界资源的引入，使系统突破原来的限制，形成新格局。另一种是出于系统环境破坏的日积月累或在外界的极大干扰下引起的系统突然崩溃。跳跃性其实属于动态性的一种表现，但由于其引起的系统状态的变化是巨大的，甚至是突变的，因此有必要专门指出。

### 3．相对极限性

相对极限性是指在某一具体的历史发展阶段，水资源承载能力具有最大的特性，即可能的最大承载指标。如果历史阶段改变了，那么水资源的承载能力也会发生一定的变化，因此，水资源承载能力的研究必须指明相应的时间断面。相对极限性还体现在水资源开发利用程度是绝对有限的，水资源利用效率是相对有限的，不可能无限制地提高和增加。当社会经济和技术条件发展到较高阶段时，人类采取最合理的配置方式，使区域水资源对经济发展和生态保护达到最大支撑能力，此时的水资源承载能力达到极限理论值。

### 4．不确定性

不确定性的原因既可能来自承载能力的主体也可能来自于承载能力客体。水资源系统本身受天文、气象、下垫面及人类活动的影响，造成水文系列的变异，使人们对它的预测目前无法达到确定的范围。区域社会和经济发展及环境变化，是一个更为复杂的系统，决定着需水系统的复杂性及不确定性。两方面的因素加上人类对客观世界和自然规律认识的局限性，决定了水资源承载能力的不确定性，同时决定了它在具体的承载指标上存在着一定的模糊性。

### 5．模糊性

模糊性是指由于系统的复杂性和不确定因素的客观存在及人类认识的局限性，决定了水资源承载能力在具体的承载指标上存在着一定的模糊性。

### 6. 被承载模式的多样性

被承载模式的多样性也就是社会发展模式的多样性。人类消费结构不是固定不变的，而是随着生产力的发展而变化的，尤其是在现代社会中，国与国、地区与地区之间的经贸关系弥补了一个地区生产能力的不足，使得一个地区可以不必完全靠自己的生产能力生产自己的消费产品，因此社会发展模式不是唯一的。如何利用有限的水资源支持适合自己条件的社会发展模式则是水资源承载能力研究不可回避的决策问题。

## （三）水资源承载能力的影响因素

通过水资源承载能力的概念和内涵分析看出，水资源承载能力研究涉及社会、经济、环境、生态、资源等在内的纷繁复杂的大系统，在这个大系统中的每个子系统既有各自独特的运作规律，又相互联系、相互依赖，因此涉及的问题和因素比较多，但影响水资源承载能力的主要因素可以总结为以下几方面：

### 1. 水资源的数量、质量及开发利用程度

由于自然地理条件的不同，水资源在数量上都有其独特的时空分布规律，在质量上也有差异，如地下水的矿化度、埋深条件，水资源的开发利用程度及方式也会影响可以用来进行社会生产的可利用水资源的数量。

### 2. 生产力水平

在不同的生产力水平下利用单方水可生产不同数量和不同质量的工农业产品，因此在研究某一地区的水资源承载能力时必须估测现状与未来的生产力水平。

### 3. 消费水平与结构

在社会生产能力确定的条件下，消费水平及结构将决定水资源承载能力的大小。

### 4. 科学技术

科学技术是生产力，高新技术将对提高工农业生产水平具有不可低估的作用，进而对提高水资源承载能力产生重要影响。

### 5. 人口数量

社会生产的主体是人，水资源承载能力的对象也是人，因此人口与水资源承载能力具有互相影响的关系。

### 6. 其他资源潜力

社会生产不仅需要水资源，还需要其他诸如矿藏、森林、土地等资源的支持。

### 7. 政策、法规、市场、宗教、传统、心理等因素

一方面，政府的政策法规、商品市场的运作规律及人文关系等因素会影响水资源承载能力的大小；另一方面，水资源承载能力的研究成果又会对它们产生反作用。

## 三、水资源承载能力指标体系

### （一）建立指标体系的指导思想

可持续发展指标体系既是可持续发展决策的重要工具，又是对可持续进行科学评价和决策支持系统的一个重要组成部分。可持续发展指标体系的功能有三个方面：一是描述和反映任何一个时间点上的（或时期）经济、社会、人口、环境、资源等各方面可持续发展的水平或状况，二是评价和监测一定时期内以上各方面可持续发展的趋势及速度，三是综合测度可持续发展整体的各个领域之间的协调程度。

综上所述，建立水资源承载能力指标体系的指导思想是从我国水资源短缺这个基本国情出发，借鉴国外或国内其他部门的先进经验，建立具有实际操作意义的、全面反映我国社会经济和生态环境可持续发展状况与进程、水资源可持续开发的状况与进程及它们之间相互协调程度的指标体系及评价方法，科学地指导水资源管理。

### （二）建立指标体系的基本原则

为适应我国可持续发展战略的需要，《中国 21 世纪议程》已经决定全面实行可持续发展战略，水资源管理领域也要按照总体战略的要求建立自己的发展战略和指标体系。

科学性原则：即按照科学的理念，也就是可持续发展理论定义指标的概念和计算方法。

整体性原则：即水资源承载能力指标体系既要有反映社会、经济、人口，又要有反映生态、环境、资源等系统的发展指标，还要有反映上述各系统相互协调程度的指标。

动态性与静态性相结合原则：即指标体系既反映系统的发展状态，又反映系统的发展过程。

定性与定量相结合原则：指标体系应尽量选择可量化指标，难以量化的重要指标可以采用定性描述指标。

可比性原则：即指标尽可能采用标准的名称、概念、计算方法，做到与国际指标的可比性，同时又要考虑我国的历史情况。

可行性原则：指标体系要充分考虑到资料的来源和现实可能性。

### （三）水资源承载能力评价指标体系

水资源承载能力评价指标体系是对在不同时段、不同策略下水资源承载能力进行综合评判的工具。根据水资源承载力的影响因素、建立指标体系的指导思想及指标选定原则，从水资源可供水量、需水量，社会经济承载能力，承载人口能力，水环境容量等方面，综合考虑建立水资源承载能力评价体系，并采用层次分析方法进行评价，根据各指标的隶属关系及每个指标类型，将各个指标划分为不同层次，建立层次的递阶结构和从属关系。衡量水资源承载能力的最终指标是区域水资源某一发展阶段下，维护良好生态环境所能承载的最大人口数量与经济规模。

## 四、水资源承载能力研究方法及展望

### （一）水资源承载能力的研究方法

目前，水资源承载能力的研究主要方法有主成分分析法、神经网络法、系统动力学法（SD）、模糊评价分析法、集对分析法等。系统动力学法作为水资源承载力研究的有效方法之一，能够处理社会、经济、生态环境等高度非线性、高阶次、多变量、多重反馈等复杂时变的系统问题，较好地揭示水资源系统与各因子之间的反馈关系，易于建模并进行动态计算，进而结合宏观政策、需水驱动、制约等因素模拟各种决策方案，清晰地反映人口、资源、环境与经济发展的动态响应关系。由于水资源承载力受人类活动和气候变化等因素的影响，因此水资源系统具有多重不确定性，如经济、人口等规模不确定性导致的用水量不确定性，以及由降水过程的随机分布造成的来水量不确定性等，进而影响水资源供需结构的不确定性。区间分析法以区间来实现对数据的存储与计算，运行结果包含所有可能的真实值，可以有效地界定函数范围；利用区间表示数据不确定性，可以解决参数不确定性问题。

尽管以往水资源承载能力在研究方法等方面取得了一定的进展，但仍存在一些问题，如对水资源承载能力本身的认识和研究还欠深入，缺乏能够同时描述水资源承载能力的复杂性、随机性和模糊性的综合模型；对量化水资源承载能力模型指标体系中定性指标的研究不够充分，缺乏系统的、有效的定性指标量化的方法，目前的量化模型主要是以社会为承载目标（人口和经济），而对水资源维持其自身更新和生态环境的能力研究较少；另外，水资源开发利用的风险对水资源承载能力的影响还研究得不够；等等。

### （二）水资源承载能力研究展望

根据水资源承载能力研究的进展及发展的要求，今后水资源承载能力研究主要集中

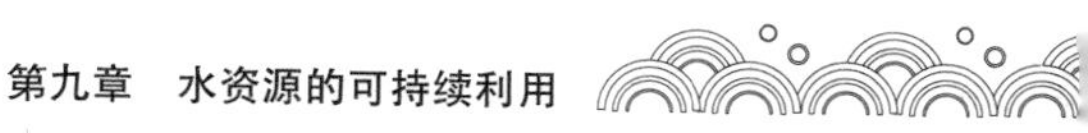

在以下几方面：

### 1．以资源的可持续利用为中心，研究区域水资源的承载能力

可持续发展的核心是指人类的经济和发展不能超越资源与环境的承载能力，主张人类之间及人类与自然之间和谐相处。对水资源来说，就是将水资源的开发利用提高到人口、经济、资源和环境四者协调发展的高度认识。水资源开发利用必须与可持续发展统一起来。水资源对社会经济的承载能力是维持水资源供需平衡的基础，也是可持续发展的重要指标之一。

### 2．由静态分析走向动态预测，日趋模式化

一般认为，我国水资源承载能力的研究源于 20 世纪 80 年代中后期，以新疆水资源软科学课题研究组为先，开始了对水资源承载能力的定量描述，但这是一种静态分析，直到系统动力学的方法得到了广泛应用之后，才促使水资源承载能力走向动态预测研究。随着水资源承载能力研究的不断深入，在计算机技术支持下，各种数理方法进入承载能力研究领域，模式趋向日益普遍，如系统动力学模型、多目标规划模型、目标规划模型、模糊评价模型、层次分析模型和主成分分析模型等。数学模型的大量采用，极大地提高了水资源承载能力研究的定量化水平和精确程度，促使承载能力的研究更加结合和深入。

### 3．大系统、多目标综合研究趋势

水资源系统本身是一个高度复杂的非线性系统，其功能与作用是多方面、多层次的。影响水资源承载能力的因素，不仅包含资源的量与质，而且还包括政策、法规、经济和技术水平、人口状况、生态环境状况和水资源综合管理水平等。因此，那些能够包含影响水资源承载能力的众多因素的量化方法将会为社会经济、人口发展规划决策提供更切合实际、更加准确的依据。

### 4．量化模型趋于随机、动态化

由于水资源本身就是随机多变的，系统的输入及作用于系统的环境是随机的，而且数据观测、计算误差波动也是随机的。就某一区域而言，水资源的承载力不是静态的，而是变化的、动态的。随着水资源管理水平的提高，水资源的深度开发（污水资源化等）及节水技术和节水意识的提高，即使在资源量不变的情况下，水资源承载能力也将会增大；反之，由于污染、过度开发等使水资源退化，将导致水资源承载能力的下降。所以，随机动态的水资源承载能力量化模型更为现实逼真。

## 5．水资源承载能力和环境人口容量之类的研究日趋活跃

水资源承载能力研究仅限于水资源对人口和经济的载量，特别是水资源与人口协调关系，具有很大的片面性和局限性。承载能力研究的根本目标在于找到一整套资源开发利用的措施或方案，使之既能满足社会需求，又能在政治上、经济上可行，在环境方面以稳妥的速度开发利用自然资源，以达到可持续发展。因此，从整体上进行包括能源与其他自然资源，以及智力、技术等在内的资源承载能力研究更具有现实意义。

## 6．特定地区（特别是生态脆弱地区）的水资源承载能力研究受到重视

例如，绿洲水资源承载能力将在干旱区得到进一步丰富与发展。随着干旱区社会经济的发展，特殊的自然与生态环境使得干旱区面临着比其他地区更为严峻的资源与环境问题，承载能力理念逐渐引入绿洲，产生了“绿洲承载能力”的概念。

# 参考文献


[1]代玉欣，李明，郁寒梅．环境监测与水资源保护[M]．长春：吉林科学技术出版社，2021．

[2]李合海，郭小东，杨慧玲．水土保持与水资源保护[M]．长春：吉林科学技术出版社有限责任公司，2021．

[3]于朝霞，任喜龙，魏路锋．水环境综合治理与水资源保护[M]．长春：吉林科学技术出版社有限责任公司，2021．

[4]聂菊芬，文命初，李建辉．水环境治理与生态保护[M]．长春：吉林人民出版社，2021．

[5]刘凯，刘安国，左婧，等．水文与水资源利用管理研究[M]．天津：天津科学技术出版社有限公司，2021．

[6]陈名．沿江型城市工业经济与水资源环境耦合研究[M]．北京：海洋出版社，2021．

[7]王宇，唐春安．普通高等教育十四五规划教材工程水文地质学基础[M]．北京：冶金工业出版社，2021．

[8]曾溅辉，马勇，林腊梅．石油高等教育十四五规划教材油田水文地质学[M]．青岛：中国石油大学出版社有限公司，2021．

[9]许武成．普通高等教育十四五系列教材水文学与水资源[M]．北京：中国水利水电出版社，2021．

[10]陈军锋，杨军耀，赵志怀．普通高等教育十四五系列教材地质与水文地质实习指导[M]．北京：中国水利水电出版社，2021．

[11]张博，王勇．煤炭院校特色应用型本科系列教材矿井水文地质学[M]．徐州：中

国矿业大学出版社，2021.

[12]陈崇希，成建梅．地下水溶质运移理论与水质模型[M]．北京：科学出版社，2021.

[13]周志芳，王锦国．普通高等教育十四五系列教材地下水动力学[M]．北京：中国水利水电出版社，2021.

[14]孙秀玲，王立萍，娄山崇．水资源利用与保护[M]．北京：中国建材工业出版社，2020.

[15]李广贺．水资源利用与保护（第4版）[M]．北京：中国建筑工业出版社，2020.

[16]傅长锋，陈平．流域水资源生态保护理论与实践[M]．天津：天津科学技术出版社，2020.

[17]杨朝晖．面向干旱区湖泊保护的水资源配置模型技术与应用[M]．北京：中国水利水电出版社，2020.

[18]刘世强．水资源二级产权设置与流域生态补偿机制研究[M]．长春：吉林大学出版社，2020.

[19]张占贵，李春光，王磊．水文与水资源基本理论与方法[M]．沈阳：辽宁大学出版社，2020.

[20]董贵明．中国矿业大学教材建设工程资助教材水资源评价[M]．徐州：中国矿业大学出版社，2020.

[21]韩行瑞．岩溶工程地质学[M]．武汉：中国地质大学出版社，2020.

[22]王学雷．洪湖湿地生态环境演变及综合评价研究[M]．武汉：湖北科学技术出版社，2020.

[23]汪义杰，蔡尚途，李丽，等．流域水生态文明建设理论、方法及实践[M]．北京：中国环境出版集团，2018.

[24]潘奎生，丁长春．水资源保护与管理[M]．长春：吉林科学技术出版社，2019.

[25]李泰儒．水资源保护与管理研究[M]．长春：吉林大学出版社，2019.

[26]杨波．水环境水资源保护及水污染治理技术研究[M]．北京：中国大地出版社，2019.

[27]卢泉．基于农业绿色发展的水资源保护生态补偿机制研究[M]．哈尔滨：东北林

业大学出版社，2019.

[28]姜忠峰．湖泊水资源利用与水环境保护[M]．哈尔滨：哈尔滨工业大学出版社，2019.

[29]刘景才，赵晓光，李璇．水资源开发与水利工程建设[M]．长春：吉林科学技术出版社，2019.

[30]黄锡生，史玉成．新编环境与资源保护法学[M]．重庆：重庆大学出版社有限公司，2019.

[31]秦毓茜．新时代生态环境与资源保护研究[M]．开封：河南大学出版社，2019.

[32]聂芳容．长江生态保护及洪水资源利用[M]．西安：陕西科学技术出版社，2019.

[33]王佳佳，李玉梅，刘素军．环境保护与水利建设[M]．长春：吉林科学技术出版社，2019.

[34]张智．水资源保护与水体修复[M]．重庆：重庆大学出版社，2018.

[35]代德富，胡赵兴，刘伶．水利工程与水资源保护[M]．天津：天津科学技术出版社，2018.

[36]万红，张武．水资源规划与利用[M]．成都：电子科技大学出版社，2018.

[37]王永党，李传磊，付贵．水文水资源科技与管理研究[M]．汕头：汕头大学出版社，2018.

机械设备装配与自动控制专业

# 国家技能人才培养
# 工学一体化课程设置方案

人力资源社会保障部

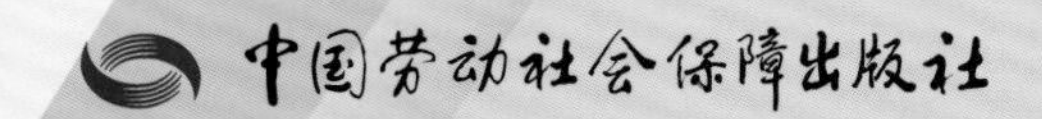

# 机械设备装配与自动控制专业
# 国家技能人才培养
# 工学一体化课程设置方案

人力资源社会保障部

中国劳动社会保障出版社

# 人力资源社会保障部办公厅关于印发31个专业国家技能人才培养工学一体化课程标准和课程设置方案的通知

人社厅函〔2023〕152号

各省、自治区、直辖市及新疆生产建设兵团人力资源社会保障厅（局）：

为贯彻落实《技工教育“十四五”规划》（人社部发〔2021〕86号）和《推进技工院校工学一体化技能人才培养模式实施方案》（人社部函〔2022〕20号），我部组织制定了31个专业国家技能人才培养工学一体化课程标准和课程设置方案（31个专业目录见附件），现予以印发。请根据国家技能人才培养工学一体化课程标准和课程设置方案，指导技工院校规范设置课程并组织实施教学，推动人才培养模式变革，进一步提升技能人才培养质量。

附件：31个专业目录

人力资源社会保障部办公厅

2023年11月13日

附件

# 31 个专业目录

（按专业代码排序）

1. 机床切削加工（车工）专业
2. 数控加工（数控车工）专业
3. 数控机床装配与维修专业
4. 机械设备装配与自动控制专业
5. 模具制造专业
6. 焊接加工专业
7. 机电设备安装与维修专业
8. 机电一体化技术专业
9. 电气自动化设备安装与维修专业
10. 楼宇自动控制设备安装与维护专业
11. 工业机器人应用与维护专业
12. 电子技术应用专业
13. 电梯工程技术专业
14. 计算机网络应用专业
15. 计算机应用与维修专业
16. 汽车维修专业
17. 汽车钣金与涂装专业
18. 工程机械运用与维修专业
19. 现代物流专业
20. 城市轨道交通运输与管理专业
21. 新能源汽车检测与维修专业
22. 无人机应用技术专业
23. 烹饪（中式烹调）专业
24. 电子商务专业
25. 化工工艺专业
26. 建筑施工专业
27. 服装设计与制作专业
28. 食品加工与检验专业
29. 工业设计专业
30. 平面设计专业
31. 环境保护与检测专业

# 机械设备装配与自动控制专业
# 国家技能人才培养
# 工学一体化课程设置方案

## 一、适用范围

本方案适用于技工院校工学一体化技能人才培养模式各技能人才培养层级，包括初中起点三年中级技能、高中起点三年高级技能、初中起点五年高级技能等培养层级。

## 二、基本要求

### （一）课程类别

本专业开设课程由公共基础课程、专业基础课程、工学一体化课程、选修课程构成。其中，公共基础课程依据人力资源社会保障部颁布的《技工院校公共基础课程方案（2022 年）》开设，工学一体化课程依据人力资源社会保障部颁布的《机械设备装配与自动控制专业国家技能人才培养工学一体化课程标准》开设。

### （二）学时要求

每学期教学时间一般为 20 周，每周学时一般为 30 学时。

各技工院校可根据所在地区行业企业发展特点和校企合作实际情况，对专业课程（专业基础课程和工学一体化课程）设置进行适当调整，调整量应不超过 30%。

## 三、课程设置

| 课程类别 | 课程名称 |
| --- | --- |
| 公共基础课程 | 思想政治 |
| | 语文 |
| | 历史 |
| | 数学 |
| | 英语 |
| | 通用职业素质 |
| | 数字技术应用 |
| | 体育与健康 |
| | 美育 |
| | 劳动教育 |
| | 物理 |
| | 其他 |
| 专业基础课程 | 机械制图 |
| | 机械基础 |
| | 电工基础 |
| 工学一体化课程 | 简单零部件的加工 |
| | 简单零部件的焊接加工 |
| | 机械部件的装配与调试 |
| | 设备的电气部件安装与调试 |
| | 机电设备装配与调试 |
| | 液压与气动系统装调与维护 |
| | 通用设备机械故障诊断与排除 |
| | 通用设备电气故障诊断与排除 |
| | 自动化设备控制系统的安装与调试 |
| | 工业生产线控制系统的安装与调试 |
| | 柔性生产线设备的优化与改进 |
| | 智能制造系统的安装与调试 |

# 四、教学安排建议

## （一）中级技能层级课程表（初中起点三年）

| 课程类别 | 课程名称 | 参考学时 | 学期 | | | | | |
|---|---|---|---|---|---|---|---|---|
| | | | 第1学期 | 第2学期 | 第3学期 | 第4学期 | 第5学期 | 第6学期 |
| 公共基础课程 | 思想政治 | 144 | √ | √ | √ | √ | | |
| | 语文 | 198 | √ | √ | √ | | | |
| | 历史 | 72 | √ | √ | | | | |
| | 数学 | 90 | √ | √ | | | | |
| | 英语 | 90 | | | √ | √ | | |
| | 通用职业素质 | 90 | | √ | √ | √ | | |
| | 数字技术应用 | 72 | √ | √ | | | | |
| | 体育与健康 | 180 | √ | √ | √ | √ | √ | |
| | 美育 | 18 | √ | | | | | |
| | 劳动教育 | 48 | √ | √ | √ | √ | | |
| | 物理 | 36 | | | √ | | | |
| | 其他 | 18 | √ | √ | √ | | | |
| 专业基础课程 | 机械制图 | 144 | √ | √ | | | | |
| | 机械基础 | 72 | √ | √ | | | | |
| | 电工基础 | 72 | √ | √ | | | | |
| 工学一体化课程 | 简单零部件的加工 | 310 | √ | √ | √ | | | |
| | 简单零部件的焊接加工 | 130 | | | √ | | | |
| | 机械部件的装配与调试 | 320 | | | √ | √ | | |
| | 设备的电气部件安装与调试 | 320 | | | | √ | √ | |
| | 机电设备装配与调试 | 320 | | | | | √ | |
| 机动 | | 256 | | | | | | |
| 岗位实习 | | | | | | | | √ |
| 总学时 | | 3 000 | | | | | | |

注：“√”表示相应课程建议开设的学期，后同。

## （二）高级技能层级课程表（高中起点三年）

| 课程类别 | 课程名称 | 参考学时 | 学期 | | | | | |
|---|---|---|---|---|---|---|---|---|
| | | | 第 1 学期 | 第 2 学期 | 第 3 学期 | 第 4 学期 | 第 5 学期 | 第 6 学期 |
| 公共基础课程 | 思想政治 | 144 | √ | √ | √ | √ | | |
| | 语文 | 72 | √ | √ | | | | |
| | 数学 | 54 | √ | √ | | | | |
| | 英语 | 90 | | √ | √ | √ | | |
| | 通用职业素质 | 90 | | √ | √ | √ | | |
| | 数字技术应用 | 72 | √ | √ | | | | |
| | 体育与健康 | 90 | √ | √ | √ | √ | √ | |
| | 美育 | 18 | √ | | | | | |
| | 劳动教育 | 48 | √ | √ | √ | √ | | |
| | 其他 | 18 | √ | √ | √ | | | |
| 专业基础课程 | 机械制图 | 144 | √ | √ | | | | |
| | 机械基础 | 72 | √ | √ | | | | |
| | 电工基础 | 72 | √ | √ | | | | |
| 工学一体化课程 | 简单零部件的加工 | 260 | √ | | | | | |
| | 简单零部件的焊接加工 | 110 | | √ | | | | |
| | 机械部件的装配与调试 | 270 | | √ | √ | | | |
| | 设备的电气部件安装与调试 | 270 | | | √ | | | |
| | 机电设备装配与调试 | 270 | | | | √ | | |
| | 液压与气动系统装调与维护 | 250 | | | | √ | √ | |
| | 通用设备机械故障诊断与排除 | 160 | | | | | √ | |
| | 通用设备电气故障诊断与排除 | 250 | | | | | √ | |
| 机动 | | 176 | | | | | | |
| 岗位实习 | | | | | | | | √ |
| 总学时 | | 3 000 | | | | | | |

## （三）高级技能层级课程表（初中起点五年）

| 课程类别 | 课程名称 | 参考学时 | 学期 | | | | | | | | | |
|---|---|---|---|---|---|---|---|---|---|---|---|---|
| | | | 第1学期 | 第2学期 | 第3学期 | 第4学期 | 第5学期 | 第6学期 | 第7学期 | 第8学期 | 第9学期 | 第10学期 |
| 公共基础课程 | 思想政治 | 288 | √ | √ | √ | √ | | | √ | √ | √ | |
| | 语文 | 252 | √ | √ | √ | | | | √ | √ | | |
| | 历史 | 72 | √ | √ | | | | | | | | |
| | 数学 | 144 | √ | √ | | | | | √ | √ | | |
| | 英语 | 162 | | | √ | √ | | | √ | √ | | |
| | 通用职业素质 | 90 | | √ | √ | √ | | | | | | |
| | 数字技术应用 | 72 | √ | √ | | | | | | | | |
| | 体育与健康 | 288 | √ | √ | √ | √ | √ | | √ | √ | √ | |
| | 美育 | 54 | √ | | | | | | √ | | | |
| | 劳动教育 | 72 | √ | √ | √ | √ | | | √ | √ | | |
| | 物理 | 36 | | | √ | | | | | | | |
| | 其他 | 36 | √ | √ | √ | | | | √ | √ | √ | |
| 专业基础课程 | 机械制图 | 144 | √ | √ | | | | | | | | |
| | 机械基础 | 72 | √ | √ | | | | | | | | |
| | 电工基础 | 72 | √ | √ | | | | | | | | |
| 工学一体化课程 | 简单零部件的加工 | 310 | √ | √ | √ | | | | | | | |
| | 简单零部件的焊接加工 | 130 | | | √ | | | | | | | |
| | 机械部件的装配与调试 | 320 | | | √ | √ | | | | | | |
| | 设备的电气部件安装与调试 | 320 | | | | √ | √ | | | | | |
| | 机电设备装配与调试 | 320 | | | | | √ | | | | | |
| | 液压与气动系统装调与维护 | 300 | | | | | | | √ | √ | | |

续表

| 课程类别 | 课程名称 | 参考学时 | 学期 | | | | | | | | | |
|---|---|---|---|---|---|---|---|---|---|---|---|---|
| | | | 第 1 学期 | 第 2 学期 | 第 3 学期 | 第 4 学期 | 第 5 学期 | 第 6 学期 | 第 7 学期 | 第 8 学期 | 第 9 学期 | 第 10 学期 |
| 工学一体化课程 | 通用设备机械故障诊断与排除 | 200 | | | | | | | | √ | | |
| | 通用设备电气故障诊断与排除 | 300 | | | | | | | | | √ | |
| 机动 | | 746 | | | | | | | | | | |
| 岗位实习 | | | | | | | | √ | | | | √ |
| 总学时 | | 4 800 | | | | | | | | | | |

## （四）预备技师（技师）层级课程表（高中起点四年）

| 课程类别 | 课程名称 | 参考学时 | 学期 | | | | | | | |
|---|---|---|---|---|---|---|---|---|---|---|
| | | | 第 1 学期 | 第 2 学期 | 第 3 学期 | 第 4 学期 | 第 5 学期 | 第 6 学期 | 第 7 学期 | 第 8 学期 |
| 公共基础课程 | 思想政治 | 144 | √ | √ | √ | √ | | | | |
| | 语文 | 72 | √ | √ | | | | | | |
| | 数学 | 54 | √ | √ | | | | | | |
| | 英语 | 90 | | √ | √ | √ | | | | |
| | 通用职业素质 | 90 | | √ | √ | √ | | √ | | |
| | 数字技术应用 | 72 | √ | √ | | | | | | |
| | 体育与健康 | 126 | √ | √ | √ | √ | √ | √ | √ | |
| | 美育 | 18 | √ | | | | | | | |
| | 劳动教育 | 48 | √ | √ | √ | √ | | √ | | |
| | 其他 | 18 | √ | √ | √ | | | | | |
| 专业基础课程 | 机械制图 | 144 | √ | √ | | | | | | |
| | 机械基础 | 72 | √ | √ | | | | | | |
| | 电工基础 | 72 | √ | √ | | | | | | |

续表

| 课程类别 | 课程名称 | 参考学时 | 学期 | | | | | | | |
|---|---|---|---|---|---|---|---|---|---|---|
| | | | 第1学期 | 第2学期 | 第3学期 | 第4学期 | 第5学期 | 第6学期 | 第7学期 | 第8学期 |
| 工学一体化课程 | 简单零部件的加工 | 260 | √ | | | | | | | |
| | 简单零部件的焊接加工 | 110 | | √ | | | | | | |
| | 机械部件的装配与调试 | 270 | | √ | √ | | | | | |
| | 设备的电气部件安装与调试 | 270 | | | √ | | | | | |
| | 机电设备装配与调试 | 270 | | | | √ | | | | |
| | 液压与气动系统装调与维护 | 250 | | | | √ | √ | | | |
| | 通用设备机械故障诊断与排除 | 160 | | | | | √ | | | |
| | 通用设备电气故障诊断与排除 | 250 | | | | | √ | | | |
| | 自动化设备控制系统的安装与调试 | 340 | | | | | √ | √ | | |
| | 工业生产线控制系统的安装与调试 | 160 | | | | | | √ | | |
| | 柔性生产线设备的优化与改进 | 340 | | | | | | √ | √ | |
| | 智能制造系统的安装与调试 | 340 | | | | | | | √ | |
| 机动 | | 160 | | | | | | | | |
| 岗位实习 | | | | | | | | | | √ |
| 总学时 | | 4 200 | | | | | | | | |

## （五）预备技师（技师）层级课程表（初中起点六年）

| 课程类别 | 课程名称 | 参考学时 | 学期 | | | | | | | | | | | |
|---|---|---|---|---|---|---|---|---|---|---|---|---|---|---|
| | | | 第1学期 | 第2学期 | 第3学期 | 第4学期 | 第5学期 | 第6学期 | 第7学期 | 第8学期 | 第9学期 | 第10学期 | 第11学期 | 第12学期 |
| 公共基础课程 | 思想政治 | 360 | √ | √ | √ | √ | | | √ | √ | √ | √ | √ | |
| | 语文 | 252 | √ | √ | √ | | | | √ | √ | | | | |
| | 历史 | 72 | √ | √ | | | | | | | | | | |
| | 数学 | 144 | √ | √ | | | | | √ | √ | | | | |
| | 英语 | 162 | | | √ | √ | | | √ | √ | | | | |
| | 通用职业素质 | 90 | | √ | √ | √ | | | | | | | | |
| | 数字技术应用 | 72 | √ | √ | | | | | | | | | | |
| | 体育与健康 | 324 | √ | √ | √ | √ | √ | | √ | √ | √ | √ | √ | |
| | 美育 | 54 | √ | | | | | | √ | | | | | |
| | 劳动教育 | 96 | √ | √ | √ | √ | | | √ | √ | √ | √ | | |
| | 物理 | 36 | | | √ | | | | | | | | | |
| | 其他 | 42 | √ | √ | √ | | | | √ | √ | √ | √ | | |
| 专业基础课程 | 机械制图 | 144 | √ | √ | | | | | | | | | | |
| | 机械基础 | 72 | √ | √ | | | | | | | | | | |
| | 电工基础 | 72 | √ | √ | | | | | | | | | | |

续表

| 课程类别 | 课程名称 | 参考学时 | 学期 | | | | | | | | | | | |
|---|---|---|---|---|---|---|---|---|---|---|---|---|---|---|
| | | | 第1学期 | 第2学期 | 第3学期 | 第4学期 | 第5学期 | 第6学期 | 第7学期 | 第8学期 | 第9学期 | 第10学期 | 第11学期 | 第12学期 |
| 工学一体化课程 | 简单零部件的加工 | 310 | √ | √ | √ | | | | | | | | | |
| | 简单零部件的焊接加工 | 130 | | | √ | | | | | | | | | |
| | 机械部件的装配与调试 | 320 | | | √ | √ | | | | | | | | |
| | 设备的电气部件安装与调试 | 320 | | | | √ | √ | | | | | | | |
| | 机电设备装配与调试 | 320 | | | | | √ | | | | | | | |
| | 液压与气动系统装调与维护 | 300 | | | | | | | √ | √ | | | | |
| | 通用设备机械故障诊断与排除 | 200 | | | | | | | √ | √ | | | | |
| | 通用设备电气故障诊断与排除 | 300 | | | | | | | | √ | √ | | | |
| | 自动化设备控制系统的安装与调试 | 400 | | | | | | | | | √ | √ | | |
| | 工业生产线控制系统的安装与调试 | 200 | | | | | | | | | √ | | | |
| | 柔性生产线设备的优化与改进 | 400 | | | | | | | | | √ | √ | √ | |

续表

| 课程类别 | 课程名称 | 参考学时 | 学期 | | | | | | | | | | | |
|---|---|---|---|---|---|---|---|---|---|---|---|---|---|---|
| | | | 第1学期 | 第2学期 | 第3学期 | 第4学期 | 第5学期 | 第6学期 | 第7学期 | 第8学期 | 第9学期 | 第10学期 | 第11学期 | 第12学期 |
| 工学一体化课程 | 智能制造系统的安装与调试 | 450 | | | | | | | | | | | √ | |
| 机动 | | 358 | | | | | | | | | | | | |
| 岗位实习 | | | | | | | | √ | | | | | | √ |
| 总学时 | | 6 000 | | | | | | | | | | | | |